Hochbeet
Buch für Anfänger

Alles was Sie als Anfänger über Ihr neues Hochbeet wissen sollten und wie es langfristig gelingt

Autorin
Martina Bauel

ISBN: 9798512497104

Inhalt

Mein erstes Hochbeet –
Tipps und vermeidbare Fehler

Ein Hochbeet im Garten, auf der Terrasse, dem Balkon oder manchmal auch in der Wohnung ist immer ein Blickfang. Ein solches Beet ist nicht nur für Profis etwas ganz Besonderes, sondern auch Anfänger kommen mit einem solchen voll und ganz auf ihre Kosten. Ein Hochbeet ist jedoch nicht einfach nur schön anzusehen, ein bisschen was sollte man über die unterschiedlichen Hochbeete wissen, damit diese letztendlich wirklich nur Freude bringen und kein Ärgernis sind.

Ein Hochbeet ist nicht einfach mal eben aufgestellt, ein bisschen Blumenerde hineingegeben, bepflanzt und fertig. Wer sich für ein solches entscheidet, der sollte vorher wissen, welche Bepflanzung er wählen möchte und darauf das Hochbeet aufbauen. Nicht jede Pflanzen-, Gemüse- oder Blumenart eignet sich für ein Hochbeet. Zudem gibt es diese in unterschiedlichen Größen und mit unterschiedlichen Materialien zu kaufen. Man kann sich für Fertigbausätze entscheiden oder einfach selber ein Hochbeet bauen. Bei Letzterem sollte man jedoch ein bisschen handwerkliches Geschick mitbringen. Hier erfahren Sie heute alles, was Sie schon immer über Hochbeete wissen wollten und erhalten noch einige Tipps, damit Sie lange viel Freude an Ihrem Beet haben.

Warum liegen Hochbeete voll im Trend?

Hochbeete zählen zur modernen Art der Gartenkultur. Durch ein solches wird der Ertrag der gewünschten Ernte und auch die Qualität erhöht. Zudem können Sie einen jeden Bereich optisch aufwerten und selbst Menschen, die sich noch so gar nicht mit einem Hochbeet beschäftigt haben lernen schnell wie ein solches funktioniert.

Viele Menschen leben in der heutigen Zeit in einer Großstadt, sie haben nicht die Möglichkeit einer Bepflanzung in ihrem eigenen Garten. Ein Hochbeet ist hier eine tolle Alternative, um sich dennoch ein bisschen Grün nach Hause zu holen. Sie können Ihr ganz persönliches Beet überall platzieren und werden lange Zeit Freude an diesem haben. Es spielt dabei keine Rolle, ob Sie Kräuter, Blumen, Obst oder Gemüse sähen. Hier spielen Ihre Vorlieben eine größere Rolle.

Was ist das Besondere an einem Hochbeet?

Ein Hochbeet hat einige positive Eigenschaften, die man schnell zu schätzen weiß. Viele Menschen entscheiden sich unter anderem für ein solches, weil das lästige Bücken entfällt. Sie können ein Hochbeet perfekt an Ihre Körpergröße anpassen. Rückenschmerzen entfallen und Sie können sich voll und ganz Ihrer Gartenarbeit widmen. Nicht nur ältere Menschen wissen dies zu schätzen. Ein weiterer Vorteil ist, da das Hochbeet nicht direkt auf dem Boden aufliegt, dass weniger Unkraut anfällt und Sie weniger Arbeit haben. Sie müssen wissen, dass der Hauptsamenflug immer am Boden stattfindet, was bei einem Hochbeet perfekt umgangen werden kann. Sie können zudem einen Schneckenzaun anbringen und die kleinen Tierchen werden sich nicht mehr in Ihrem Hochbeet verirren.

Einige Menschen verzweifeln, wenn sie an ihren Garten denken, da sie anbauen können was Sie möchten, aber niemals etwas Vernünftiges gedeiht oder wachsen kann. Meistens liegt es daran, dass Ihr Boden nicht fruchtbar ist. Entscheiden Sie sich für ein Hochbeet, dann haben Sie es selbst in der Hand. Sie können die passende Erde selbst wählen. Ein Hochbeet bietet Ihnen zudem die Chance auf eine üppige Ernte, trotz eines kleinen Raumes den Sie zur Verfügung haben. Zudem können Sie alle Ihre Gartenabfälle sinnvoll verwerten.

Welcher Platz ist ideal für ein Hochbeet?

Die Frage des richtigen Platzes für ein Hochbeet stellt sich bei Gartenliebhabern immer wieder. Einige schwören auf einen schattigen Platz, andere Gärtner sind von einem sonnigen Plätzchen überzeugt. Hier gehen die Meinungen extrem auseinander. Beide Möglichkeiten sind jedoch machbar und richtig. Hier kommt es stets darauf an, welche Bepflanzung Sie wählen möchten. Einige Pflanzen können die Sonne gar nicht ab und würden eingehen, andere Pflanzen benötigen, damit sie richtig wachsen und gedeihen können sehr viel Sonne und somit ausreichend Wärme. Es gibt zudem Pflanzen, die Sie im Sommer, sowie im Winter in Ihrem Hochbeet belassen können. Andere Arten wiederum müssen im Winter entfernt werden, da sie ansonsten eingehen würden.

Überlegen Sie sich bevor Sie Ihr Hochbeet aufstellen möchten, was Sie pflanzen möchten. Tomaten beispielsweise sind dafür bekannt, dass diese täglich ausreichend Sonne benötigen. Kräuter sind da etwas flexibler, Sonne mögen diese, aber ein bisschen Schatten oder auch kältere Temperaturen machen Kräutern nicht allzu viel aus. Hier sollten Sie jedoch ebenfalls darauf achten, um welche Arten von Kräutern es sich handelt. Nicht alle Kräuter sind so einfach zu handhaben.

Einige Obst- oder Gemüsesorten können Sie nur zu einer bestimmten Jahreszeit einbringen, damit diese sich richtig entfalten können und Sie diese zu einem bestimmten Zeitraum ernten können. Ist der Zeitraum für die Bepflanzung bereits verstrichen, so werden Sie es bei diesen Sorten sehr schwer haben noch etwas anständiges zu ernten.

Hochbeet im Garten

Möchten Sie Ihr Hochbeet im Garten aufbauen, dann sollten Sie sich für ein langes Rechteck entscheiden und dieses sollte in Richtung Nord-Süden ausgerichtet werden. Zudem ist eine größere Freifläche im Garten für die Platzierung immer empfehlenswert. Bei einer solchen Platzierung erhalten Sie die Möglichkeit das Sonnenlicht perfekt auszunutzen. Bei einem Gemüsebeet ist es besonders wichtig, dass ein solches täglich ausreichend Sonnenlicht erhält. Vergessen Sie nie, dass Ihre Bepflanzung nur gut gedeihen kann, wenn ausreichend Sonnenlicht vorhanden ist. Letztendlich können Sie schneller ernten und erhalten eine große Ausbeute.

Hochbeet auf dem Balkon

Möchten Sie aus Platzmangel oder weil Sie keine andere Möglichkeit haben ein Hochbeet auf Ihrem Balkon gestalten, dann sollten Sie ein solches besser auf Füßen platzieren. Sie können auf diese Art und Weise Gewicht sparen. Der Pflanzkasten sollte daher keinesfalls bis auf den Boden reichen. Ein weiterer großer Vorteil hierbei ist, dass Sie unter dem Hochbeet noch ausreichend Platz zur Verfügung haben, damit Sie beispielsweise Ihr Gartenwerkzeug hier platzieren können. Es sieht immer ansehnlich aus und Sie haben etwas schönes geschaffen, dass Ihnen lange Freude bereiten wird.

Hochbeet im Innenbereich

Hochbeete im Innenbereich sind sehr beliebt, gerade bei Menschen, die keinen Garten oder Balkon haben. Solche Hochbeete kann man in den unterschiedlichsten Größen erwerben, immer passend zum verfügbaren Platz. Sie machen auf jeder Fensterbank eine gute Figur und man hat das ganze Jahr über eine ansehnliche Bepflanzung. Es gibt geniale Pflanzsysteme, die perfekt für den Innenbereich geeignet sind. Das Material kann bei der großen Auswahl, die heute zur Verfügung steht, passend zum übrigen Mobiliar gewählt werden.

Worauf sollte man bei einem Hochbeet achten?

Viele Menschen entscheiden sich für ein Hochbeet aus Holz, da dieses natürlich wirkt und ansprechend aussieht. Sie sollten jedoch unbedingt beachten, dass ein Hochbeet aus Holz mehr Arbeit machen kann. Holz ist ein natürliches Produkt und kann somit verrotten. Sie müssen Ihr Hochbeet stets genau beobachten, denn wenn Sie die ersten Verrottungserscheinungen bemerken, so müssen Sie das Hochbeet behandeln oder sogar austauschen, da ansonsten Ihre Bepflanzung auf lange Sicht gesehen, keine Chance hat.

Die Standortwahl spielt bei einem Hochbeet eine ausgesprochen wichtige Rolle. Ist die Wahl des Standortes perfekt, dann werden Sie viel Freude an Ihrer Bepflanzung haben. Das Hochbeet wird langfristig über viele Jahre ein treuer Begleiter sein und Sie haben kaum noch Arbeit mit diesem.

Es wird zudem empfohlen, dass Sie Ihr Hochbeet, wenn Sie den richtigen Standort gefunden haben, dieses fixieren. Es sollte einen festen Untergrund haben und auch starken Sturmböen ausgesetzt werden können. Denken Sie zudem an die richtige Größe für Ihr Hochbeet und vergessen Sie den Wühlmausschutz nicht. Die richtige Schichtung in Ihrem Hochbeet ist ebenfalls von größter Bedeutung, damit beispielsweise Ihr Gemüse gedeihen kann. Sie können des Weiteren ökologische Hilfsmittel verwenden, damit sich Schnecken gar nicht erst bei Ihnen im Beet niederlassen.

Entscheiden Sie sich bei der Bepflanzung für eine Mischkultur, der Vorteil hierbei liegt klar auf der Hand, denn es entstehen weniger Schädlinge und nicht zu vergessen Ihre Pflanzen wachsen besser und schneller. Die Füllung Ihres Hochbeetes muss zudem nach einigen Jahren erneuert werden, damit Ihre Pflanzen weiterhin gut wachsen können.

Zu welcher Jahreszeit sollte man ein Hochbeet anlegen?

Ist es nicht egal, wann man ein Hochbeet aufstellt? Spielt der Monat eine Rolle? Muss es unbedingt warm sein oder spielt die Außentemperatur hier gar keine Rolle? Für die optimale Nutzung eines Hochbeets sollten Sie stets den Herbst wählen, dann können Sie dies ab dem folgenden Frühjahr uneingeschränkt nutzen. Sie können jedoch Ihr Hochbeet auch kurz bevor Sie dieses bepflanzen möchten aufstellen. Dies spielt keine große Rolle. Wichtig ist hier lediglich, wann Sie Ihre Pflanzen einbringen.

Der herbstliche Gartenabfall eignet sich perfekt als Füllmaterial für Ihr Hochbeet. Man sagt nicht ohne Grund, dass die Herbstzeit, die Zeit für Hochbeete ist. Die vorhandenen Gartenabfälle, wie beispielsweise Blätter, Äste oder andere Gartenabfälle sind perfekt für die Beschichtung eines Hochbeetes geeignet. Sie können der Natur auf diesem Weg etwas von sich wiedergeben. Die Gartenabfälle, die sich im Herbst in Ihrem Garten befinden sind perfekt für das Anlegen eines Hochbeetes geeignet. Aus diesem Grund sprechen viele Menschen davon, dass der Herbst die perfekte Jahreszeit ist, um ein Hochbeet ins Leben zu rufen, um ein solches neu anzulegen.

Notizen:

_____

_____

_____

_____

_____

Hochbeet kaufen oder selber bauen?

Lohnt es sich ein Hochbeet selber zu bauen oder sollte man ein solches besser kaufen, beispielsweise als Bausatz? Entscheiden Sie sich dafür ein Hochbeet selber zu bauen, so können Sie in der Gestaltung besonders flexibel sein. Sie entscheiden sich für die gewünschte Größe, das Material und haben selber etwas geschaffen. Die Kosten für ein selbstgebautes Hochbeet sind zudem überschaubarer und Sie könnten günstiger damit wegkommen. Sie sollten jedoch auch bedenken, dass der Zeitaufwand wesentlich größer ist, als wenn Sie ein fertiges Hochbeet kaufen, welches Sie nur noch bepflanzen müssen. Des Weiteren geht es nicht, wenn Sie kein handwerkliches Geschick haben. Ein bisschen Kreativität und handwerkliches Geschick sind daher unverzichtbar.

Entscheiden Sie sich jedoch dafür ein Hochbeet zu kaufen, so haben Sie in jedem Fall einen geringeren Zeitaufwand mit dem Aufstellen. Der Aufbau geht Dank einer Anleitung recht schnell von der Hand. Gekaufte Hochbeete sind jedoch immer eine Preisfrage. Es werden Beete angeboten, die recht günstig sind, aber auch solche, die das Budget sprengen können. Hier sollten Sie sich vorab Gedanken machen, was Sie von einem Hochbeet erwarten.

Vorteile beim Kauf eines Hochbeetes

Wie bereits oben erwähnt gibt es einige Vorteile, die ein gekauftes Hochbeet zu bieten hat.

- Weniger Zeitaufwand beim Aufstellen des Hochbeetes
- Zahlreiche Materialien wählbar
- Unterschiedliche Preisklassen erhältlich
- Handwerkliches Geschick nicht erforderlich

Vorteile beim selber bauen eines Hochbeetes

Ein Hochbeet selber zu bauen hat einige Vorteile, gerade, wenn man eine kreative Ader hat.

- Flexible Gestaltung
- Kosten überschaubar
- Material kann frei gewählt werden

Welches Material ist für ein Hochbeet das beste?

Hochbeete gibt es in unterschiedlichen Materialien zu kaufen. Besonders begehrt und immer wieder genutzt sind Hochbeete aus Holz, da diese sich auf ihre natürliche Art und Weise der Umgebung anpassen. Es gibt jedoch auch Hochbeete aus Stein, Kunststoff, Gabionen oder Metall zu kaufen. Sicherlich spielt der eigene Geschmack hierbei eine große Rolle, doch auch die langfristige Pflege und die Langlebigkeit sollten hier nicht aus den Augen verloren werden. Preislich liegen die einzelnen Materialien ebenfalls auseinander.

Hochbeet aus Holz

Hochbeete aus Holz haben einige Vor- aber auch Nachteile zu bieten. Holz ist ein Naturprodukt, welches sich hervorragend dem Garten oder der Terrasse, aber auch jedem anderen Außenbereich anpasst. Zudem unterliegt Holz einer Metamorphose und verändert im Laufe sein Aussehen. Holz wird von neu zu alt. Seine Ästhetik verliert es bei dem Vorgang jedoch zu keinem Zeitpunkt. Sie müssen Holz nicht zwangsläufig ölen, es nimmt eigenständig mit der Zeit eine Patina an, was viele Menschen als einen ausgesprochen schönen Effekt ersehen. Holz und somit natürlich auch Hochbeete aus diesem Material sind ausgesprochen stabil und daher jedem Wetter gewachsen. Holzbeete aus Holz sind oftmals geschraubt, was das Versetzen bei Bedarf um einiges erschweren könnte. Ein solches Beet sollte nach spätestens 10 Jahre ausgetauscht werden, da es durch die unterschiedlichen Wettereinflüsse nicht mehr das halten wird, was Sie sich wünschen.

Hochbeet aus Kunststoff

Ein Hochbeet aus Kunststoff ist in der Regel recht einfach aufzubauen. Es verfügt in der Regel über ein geringes Gewicht und kann daher sehr einfach transportiert werden. Zudem lässt Kunststoff zahlreiche

Gestaltungsmöglichkeiten und Formen zu. Ein weiterer Vorteil von solchen Beeten aus Kunststoff ist, dass sich diese einfach demontieren und transportieren lassen. Zudem sind diese Hochbeete perfekt für Diejenigen geeignet, die auf ihr Budget achten möchten oder müssen. Bei einem Hochbeet aus Kunststoff kann man jedoch die künstliche Optik kaum verstecken. Diese ist allgegenwärtig. Es findet mit der Zeit zudem durch die Sonneneinstrahlung ein Zersetzungsprozess statt. Möchten Sie Ihr Hochbeet aus Kunststoff entsorgen, so ist dies nur über den Sperrmüll möglich.

Hochbeet aus Metall

Hochbeete aus Metall sind nicht gerade günstig, ganz im Gegenteil. Hier werden günstig minderwertige Modelle angeboten, doch wenn Sie ein wirklich gutes Hochbeet aus Metall erwerben möchten, dann müssen Sie wirklich tief in die Tasche greifen. Bei solchen Beete ist die Wandstärke extrem dick, Sie werden keine geschnittenen Kanten vorfinden und ein solches Modell ist im besten Fall aus Cortenstahl gefertigt. Dieses Material rostet zwar an, was Ihrem Hochbeet jedoch einen ganz ansehnlichen Look verleitet. Sie brauchen jedoch keine Angst haben, dass Ihr Hochbeet an Rost zugrunde geht, dass passiert hier nicht. Die entstandene Patina ist fest und bröselt keinesfalls ab. Ein solches Beet hat eine extrem lange Lebensdauer, es gibt sie in jeder Form zu kaufen und sie sehen besonders stimmig aus. Sie sollten jedoch wissen, dass sich solche Hochbeete nur sehr schwer versetzen lassen und sie sind enorm pflegeintensiv.

Hochbeet aus Gabionen

Gabionen sind ein reines Naturprodukt, zudem gibt es eine sehr große Auswahl, sodass man seinem Geschmack freien Lauf lassen kann. Sie können solche Hochbeete zudem in unterschiedlichen Größen und Arten kaufen. Sie sind extrem ästhetisch und sehr lange haltbar. Ein großer Vorteil ist zudem, dass sich Hochbeete aus Gabionen mit dem Garten verändern. Sie passen sich diesem an. Es gibt jedoch auch Nachteile, die man unbedingt abwägen sollte. Haben Sie einmal ein

Hochbeet aus Gabionen in Ihrem Garten platziert, so werden Sie es kaum noch schaffen dieses zu versetzen. Es ist zudem relativ hochpreisig in der Anschaffung und nicht zu vergessen, Sie benötigen sehr große Steine, was zu einem logistischen Problem werden kann.

Hochbeet aus Stein

Hochbeete aus Stein sind sehr beliebt, was sicherlich mit der Natürlichkeit zu tun hat. Hier können Sie auf eine relativ geringe Wandstärke zurückgreifen. Zudem sehen Steine nicht nur ansprechend aus, sondern sie halten sämtlichen Wetterbedingungen stand. Sie werden an einem Hochbeet aus Stein sehr lange Freude haben, da ein solches extrem langlebig ist. Wessen Traum es ist ein Hochbeet aus Stein in seinem Garten zu haben, der sollte vorab an die logistische Herausforderung denken. Sie können die Steine nicht mal eben in Ihrem PKW transportieren. Zudem kann es sein, dass die Steine sehr kostenintensiv sind und hierzu kommen die Kosten für die Lieferung.

Der richtige Standort für ein Hochbeet

Gärtnern im eigenen heimischen Garten und das ohne jegliche Kompromisse, dann spielt der gewählte Standort eines Hochbeetes eine übergeordnete Rolle. Haben Sie den richtigen Standort gewählt, so werden Sie bereits den größten Erfolg erzielt haben. Doch welcher Standort ist für ein Hochbeet geeignet? Auf dieses Thema wurde bereits oben kurz eingegangen, doch in diesem Abschnitt möchte ich es noch ein bisschen vertiefen. Es muss nicht immer ein sonniger Platz für ein Hochbeet gewählt werden. Es gibt auch Pflanzen, die es gerne schattig haben. Hier sollten Sie sich bevor Sie ein Hochbeet anlegen möchten Gedanken drüber machen. Ich gebe Ihnen heute auch Tipps, wie Sie die maximale Dauer des Sonnenlichts täglich ausnutzen können und den geeigneten Standort für Ihr Hochbeet finden können.

Grundsätzlich können für ein Hochbeet sehr viele unterschiedliche Standorte gewählt werden. Ein Hochbeet ist zudem recht unabhängig vom Boden, was ein großer Vorteil für das Anlegen eines solchen ist. Eines ist jedoch für jedes Hochbeet wichtig, Sie sollten darauf achten, dass dieses windgeschützt aufgebaut wird. Pflanzen mögen dauerhaft nicht hin und her geschüttelt werden. Sie können ein Hochbeet recht flexibel aufstellen. Die Terrasse, der Balkon, der Innenbereich und sogar ein Gewächshaus sind problemlos bei der Wahl des Standortes möglich. Die Ausrichtung des Hochbeetes ist jedoch ein wichtiger Punkt. Sie sollten unbedingt darauf achten, dass das Sonnenlicht gut ausgenutzt wird. Pflanzen aller Art wachsen und gedeihen besser und wesentlich schneller, wenn sie Sonnenlicht haben. Je mehr davon täglich zur Verfügung steht, desto besser.

Platzieren Sie Ihr Hochbeet immer im Verlauf quer zur Sonne. Die Breitseiten, welche am kürzesten sind sollten Sie in Richtung Nord-Süd ausrichten. In diesem Fall erreichen Sie die längste

Belichtungsdauer, die täglich möglich ist. Sie können ein Hochbeet natürlich auch im Schatten errichten, manche Pflanzen sind mit dieser Wahl sehr zufrieden, doch auch hier sollten zumindest täglich ein paar Stunden Sonne vorhanden sein. Haben Sie sich für einen Standort im Schatten entschieden, so gibt es nur ein paar wenige Pflanzen, die Sie in Ihr Hochbeet einbringen können. Bei den richtigen Pflanzen handelt es sich in diesem Fall eher um Nutzpflanzen, denn diese sind an das Leben im Schatten oder Halbschatten angepasst. Hier können Sie zwischen den folgenden Pflanzenarten wählen:

- Waldmeister

- Salat

- Kresse

- Spinat

- Bärlauch

- Erbsen

- Blumenkohl

- Rote Beete

- Mangold

- zahlreiche unterschiedliche Kräuterarten

Die folgenden Pflanzen kommen ohne Sonnenlicht nicht aus. Diese benötigen hiervon täglich reichlich, damit diese wachsen und gedeihen können und Sie viel Freude an diesen haben.

- Basilikum

- Tomaten

- Karotten

- Aubergine

- Knoblauch
- Chili
- Lauch
- Gurke
- Kürbis
- Melone

Welche Pflanzen sind für ein Hochbeet geeignet?

Es gibt einige Pflanzen, die sich sehr gut für ein Hochbeet eignen. Sie sind mit wenig Aufmerksamkeit zufrieden, sind dankbare Pflanzen und gedeihen fast wie von selbst, wenn sie am richtigen Standort eingebracht werden.

- Balkontomaten
- Feldsalat
- Erdbeeren
- Buschbohnen
- Kräuter
- Salat
- Knollenfenchel
- Rote Beete
- Kohlrabi
- Frühlingszwiebeln
- Kapuzinerkresse

Welche Pflanzen eignen sich nicht für ein Hochbeet?

Es gibt jedoch auch einige Pflanzen, die nicht gerade die beste Wahl sind, um diese in einem Hochbeet einzubringen. Bei diesen Pflanzen kann selbst der perfekte Standort nicht hilfreich sein, daher sollten Sie von diesen Pflanzen Abstand nehmen.

- Große Kohlsorten
- Zucchini
- Kürbis
- Staudentomaten
- Rosenkohl

Notizen:

_____

_____

_____

Mischkulturtabelle – Welche Pflanzen vertragen sich miteinander?

Warum sollte man Mischkulturen anlegen und welche Vorteile bieten diese? Sicherlich bieten sie eine optische Bereicherung, doch die zahlreichen unterschiedlichen Pflanzenarten haben zudem auch einen äußerst praktischen Nutzen. Die Pflanzen behindern sich während des Wachstums nicht und Sie können unterschiedliche Pflanzenarten ernten. Mit Mischkulturen lassen sich unterschiedliche Nährstoffe ergänzen und der Schädlingsbefall wird um ein Vielfaches minimiert. Hitzeempfindliche Pflanzen können so Beschattung erhalten und eine verbesserte Feuchtigkeitszufuhr ist ebenfalls gegeben. Doch welche Pflanzenarten kann man unbedenklich in ein Hochbeet einbringen?

	Salat	Paprika	Rettich	Sellerie	Spinat	Tomaten	Zwiebel	Rote Beete	Zucchini
Salat		✓	✓		✓	✓	✓	✓	✓
Paprika	✓				✓	✓			
Rettich	✓	✓	✓	✓	✓	✓	✓		✓
Sellerie			✓				✓		✓
Spinat	✓	✓		✓				✓	
Tomaten	✓	✓			✓				✓
Zwiebel	✓		✓		✓				✓
Rote Beete	✓				✓				✓
Zucchini	✓		✓	✓		✓	✓	✓	

Welche Kräuter fördern das Wachstum?

Es gibt zahlreiche Kräuter, die das Wachstum unterschiedlicher Pflanzen positiv beeinflussen können. Rosmarin beispielsweise ist dafür bekannt, dass diese Kräuterart das Wachstum von Basilikum fördert. Basilikum schützt hingegen beispielsweise Tomaten vor Schädlingen. Zitronenmelisse ist dafür bekannt, dass sie das Wachstum von angrenzenden Kräutern positiv beeinflusst. Welche Pflanzen und Kräuter sehr gut miteinander harmonieren möchten wir Ihnen natürlich auch nicht vorenthalten.

- Erbsen und Salat
- Tomaten und Basilikum
- Erdbeeren und Knoblauch
- Bohnenkraut und Bohnen
- Kohl und Sellerie
- Zwiebelgewächse und Möhren
- Kapuzinerkresse und Kürbisgewächse
- Kartoffeln und Tagetes

Gerade Gurken werden immer wieder in einem Hochbeet angepflanzt. Sie zählen zu den absoluten Klassikern. Gurken sollten Sie unbedingt mit Dill anpflanzen, nicht nur das dies eine immer beliebte Kombination in einer jeden Küche ist, nein, es wird auch die Keimfähigkeit der Gurken gefördert. Sie können zudem auch hervorragend Borretsch mit Gurken kombinieren. Borretsch ist sehr bienenfreundlich, werden die kleinen Tiere angelockt, so profitiert die Gurke davon.

Die Kombination von Erdbeeren und Knoblauch hört sich nicht gerade lecker an, wenn es um den Genuss geht. Im Garten bzw. in Ihrem Hochbeet ist dies eine Traumkombination. Der Knoblauch schützt Ihre Erdbeeren vor Pilzerkrankungen und Schnecken werden Sie in diesem Beet ebenfalls kaum vorfinden.

Zwiebeln und Möhren sind ebenfalls eine mehr als perfekte Kombination. Der Geruch von Zwiebeln verscheucht die lästige

Möhrenfliege. Die Möhren sind hingegen dafür bekannt, dass Sie die Zwiebelfliege verscheuchen, somit einfach perfekt. Sie können zudem zu Karotten auch sehr gut Lauch pflanzen, da der Lauch die gleichen Voraussetzungen benötigt, wie die Karotte.

Wie bepflanzt man ein Hochbeet richtig?

Möchten Sie ein Hochbeet anlegen und dieses möglichst optimal ausnutzen, dann gilt es ein paar Dinge zu beachten, damit die Ernte gelingt. Es kommt in erster Linie bei der Bepflanzung auf eine gute Planung an. Haben Sie sich bereits für eine Pflanze entschieden? Möchten Sie Mischkulturen pflanzen oder liegen Ihnen eher Kräuter am Herzen? Wichtig ist, wie bereits oben beschrieben der richtige Standort. Haben Sie einen solchen gefunden und wissen was Sie pflanzen möchten, dann spielt die richtige Jahreszeit ebenfalls eine große Rolle. In den Monaten März und April können Sie am besten Radieschen, Petersilie, Rettich, Salate, aber auch Spinat und Rucola pflanzen. Ende April sind Frühlingszwiebeln, Zwiebeln und Lauch perfekt geeignet. Der Mai eignet sich hervorragend für Gurken, Auberginen, Zucchini, Peperoni, Paprika und Tomaten. Im Juni können Sie auf Möhren, Brokkoli, Kohlrabi und Blumenkohl zurückgreifen. Im August sind Endivien, Radicchio, Grünkohl und nicht zu vergessen Herbstsalate dankbare Pflanzen. Rucola und Sellerie eignen sich hingegen für die Einbringung im September und Oktober.

Sie sollten wissen, dass ein normales Flachbeet mit einem Hochbeet nicht zu vergleichen ist. Hier gelten andere Regeln. Eine der Besonderheiten ist die Fruchtfolge, diese ist dafür da, die Pflanzen zu unterteilen. Was wird genau unterteilt? Hier spielt der Nährstoffbedarf eine übergeordnete Rolle. Sie unterteilen die Pflanzen in Schwachzehrer, Starkzehrer und letztendlich in Mittelzehrer. Starkzehrer müssen stets aus dem Vollen schöpfen können. Welches Gemüse wird jedoch wie unterteilt? Die Unterteilung können Sie in der folgenden Tabelle ersehen.

Nährstoffbedarf	Pflanzen
Starkzehrer	Tomaten, Gurken, Zucchini, Brokkoli, Lauch, Melone, Kohlarten, Kartoffeln, Paprika, Kürbis,
Mittelzehrer	Spinat, Fenchel, Rote Beete, Möhren, Mangold,
Schwachzehrer	Zwiebeln, Bohnen, Feldsalat, Radieschen, Kräuter, Erbsen,

Zahlreiche Hochbeet-Liebhaber möchten jedoch die unterschiedlichen Pflanzen miteinander kombinieren. Ein paar Tomaten dürfen es sein, ein paar Kräuter und vielleicht noch Kopfsalat. In einem solchen Fall bietet sich eine Mischkultur an. Sie müssen in Ihrem Hochbeet einfach nur auf die Bodenansprüche der jeweiligen Pflanze eingehen. Dies ist besonders gut möglich in einem Hochbeet. Sie können Ihr Hochbeet so befüllen, wie sie es benötigen und haben den Boden somit selbst in der Hand. Den Nährstoffverbrauch können Sie über die Pflanzendichte regulieren.

Wie legt man ein kleines Hochbeet an?

Möchten Sie sich erst einmal ausprobieren oder benötigen Sie lediglich ein kleines Hochbeet für Ihren Balkon oder die Wohnung, dann gibt es auch hier das ein oder andere zu beachten. Hochbeete sind dafür bekannt, dass diese als kleines Gartenwunder gelten. Die Basis für alle Hochbeete ist sicherlich die Form. Bei einem kleinen Hochbeet sollten Sie auf ein würfelförmiges Hochbeet zurückgreifen. Diese sehen nicht nur sehr ansprechend aus, sondern sie passen auch in fast jede Ecke.

Ein Hochbeet, welches so groß ist, dass Sie hineinsteigen könnten, ist vielleicht ganz praktisch, aber Sie benötigen auch sehr viel Material. Ein solches Hochbeet ist extrem kostenintensiv und mit viel Arbeit verbunden. Ein kleines Hochbeet lässt zwar nur eine bestimmte Menge an Gemüse oder Kräutern zu, doch um diese können Sie sich ausgiebig kümmern. Selbstverständlich können Sie kleine Hochbeete kaufen, aber es gibt auch viele andere Möglichkeiten, wie Sie günstig ein Hochbeet anlegen, welches zudem sehr gut aussieht.

Eine Möglichkeit, die gerade voll im Trend liegt, sind Hochbeete aus Paletten. Diese können Sie günstig kaufen oder manchmal auch kostenlos erhalten. Ich erkläre Ihnen heute, wie Sie hier am besten Schritt für Schritt vorgehen.

- Zuerst machen Sie sich auf die Suche nach einem passenden Standort mit viel Sonnenlicht und messen den Bereich aus, indem das Hochbeet platziert werden soll.

- Sie benötigen nun einiges an Werkzeug. Einen Hammer, einen Spaten, eine Wasserwaage, sowie einen Akkuschrauber und eventuell eine Säge, falls Sie die benötigten Bretter selbst zurechtschneiden möchten.

- Bei der Wahl des richtigen Holzes, falls Sie keine Paletten benutzen, sollten Sie unbedingt darauf achten, dass dieses für den Außenbereich geeignet ist. Hier empfiehlt sich Lärchenholz. Achten Sie darauf, dass die einzelnen Latten zwischen 3 und 5 cm dick sind.

- Wichtig ist nun, dass das Fundament auf dem Sie das Hochbeet errichten möchten standhaft ist. Es sollte nicht zu weich, aber auch nicht zu feste sein. Für den perfekten Ablauf von Wasser ist ein robuster Erdboden perfekt geeignet.

- Ein Hochbeet aus Holz benötigt einen stabilen Rahmen. Im besten Fall beginnen Sie mit dem Bau des Hochbeetes an den Ecken. Spitzen Sie die Eckpfosten am besten etwas an und hauen Sie diese dann in den Boden. Nun können Sie die Bretter von unten beginnend montieren. Diese müssen Sie eventuell noch auf die richtige Länge zurecht sägen.

- Haben Sie alle Bretter fest genagelt und haben Sie mit der Wasserwaage kontrolliert, ob diese gerade sind, dann können Sie unten im Boden noch ein Kaninchengitter anbringen. Dieses schützt Ihre Pflanzen vor Wühlmäusen.

- Bei Lärchenholz ist es nicht notwendig dieses noch zu behandeln, bei anderen Holzarten sollten Sie zum Schluss noch eine witterungsbeständige Lasur auftragen.

- Sind Sie mit dem Ergebnis zufrieden, dann können Sie mit der Befüllung beginnen. Haben Sie die einzelnen Lagen Kompost eingebracht und die gewünschte Erde oben hinein gefüllt, dann können Sie Ihr Gemüse, Ihre Pflanzen oder auch Kräuter einbringen. Ebenso können Sie einzelne Gemüsesorten miteinander mischen. Achten Sie hier jedoch darauf, welche Gemüsesorten sich miteinander vertragen.

Welche Anfängerfehler treten immer wieder auf?

Wer die Idee für ein Hochbeet hat, der hat sicherlich Vorstellungen davon welche Pflanzen letztendlich geerntet werden sollen. Beim ersten Versuch ein Hochbeet zu gestalten wird man jedoch in zahlreichen Fällen enttäuscht. Das Gemüse, die Kräuter oder Obst wachsen einfach nicht oder man sieht beispielsweise die ersten Tomaten und plötzlich hängen diese lasch herunter. Wirklich ärgerlich, wenn die ganze Arbeit umsonst gewesen ist. Doch woran liegt es, dass die Pflanze nicht richtig gedeiht ist, welche Fehler hat man gemacht? Hier können viele Faktoren für infrage kommen.

- Keinen Platz zwischen den Pflanzen belassen
- falsche Pflanzen miteinander kombiniert
- falschen Standort für das Hochbeet gewählt
- falsche Erde und Befüllung gewählt
- Beete sind zu dicht beieinander
- die Fruchtfolge im Beet nicht eingehalten
- Pflanzen zur falschen Jahreszeit eingebracht
- Pflanzen nicht ausreichend vor Schädlingen geschützt
- zu viel oder zu wenig gewässert
- Pflanzen nicht auf den Winter vorbereitet

Die falsche Strategie des Pflanzens kann zudem ein großer Fehler sein. Sie müssen stets bedenken, dass Ihre Pflanzen größer werden, dass ist der Sinn der Sache. Die Wurzeln breiten sich in der Erde aus und die Pflanze an sich benötigt über der Erde ausreichend Platz. Immer wieder wird dieser Punkt in einem Hochbeet nicht bedacht, was ein großer Fehler ist. Bedenken Sie zudem eine Pflanze, die hoch wächst wird ab einer bestimmten Größe anderen Pflanzen Schatten spenden. Hört sich erst einmal sehr gut an, aber nicht jede Pflanze liebt den Schatten. Tomaten beispielsweise benötigen sehr viel Sonnenlicht, wird ihnen dies genommen, so gehen sie ein. Sie können jedoch hochwachsende Pflanzen, wie dies beispielsweise bei Erbsen der Fall ist, weiter hinten in Ihrem Beet pflanzen.

Ein Tipp wäre ebenfalls, dass Sie ein jedes Beet beschriften. Gerade, wenn Sie Ihr erstes Hochbeet, eventuell auch mit unterschiedlichen Pflanzenarten anlegen, so sollten Sie niemals auf eine Beschriftung verzichten. Hat man einmal die Pflanze gesät, so sieht das Beet einfach gleich aus. Schießen die ersten Pflanzen aus dem Boden, so weiß man gerade als Anfänger oftmals nicht, um welche Pflanze es sich noch gehandelt hat. Eine Beschriftung ist in diesem Fall sehr hilfreich. Sie sollten zudem bedenken, dass eine jede Pflanze unterschiedlich Aufmerksamkeit benötigt. Wie möchten Sie dies gewährleisten, wenn Sie nicht mehr wissen, wo sich welche Gemüseart befindet?

Wie lassen sich Anfängerfehler vermeiden?

Anfängerfehler lassen sich oftmals gar nicht wirklich vermeiden, weil man einfach noch nicht über die nötige Erfahrung verfügt. Aus Fehlern lernt man, ganz klar, aber es gibt einige Tipps, die Sie sich im Vorfeld zu Herzen nehmen sollten, damit keine großen Fehler passieren und Sie letztendlich Ihr Gemüse oder Ihre Kräuter ernten können. Lesen Sie sich diesen Ratgeber am besten bis zum Schluss aufmerksam durch und sie werden einige Tipps erhalten und somit gravierende Fehler vermeiden können. Von der richtigen Befüllung über das perfekte Hochbeet, den richtigen Standort und die passenden Pflanzen erfahren Sie hier alles, was Sie wissen müssen. Natürlich sind auch einige Pflegetipps zu finden.

Notizen:

_____

_____

_____

Kann man ein Hochbeet auch nur mit Erde befüllen?

Das Hochbeet lässt sich letztendlich mit einem Komposthaufen vergleichen. Ein Hochbeet benötigt im besten Fall fruchtbare Erde. Die Nährstoffzusammensetzung ist ausschlaggebend für eine gute Ernte. Sie können ein Hochbeet beispielsweise mit Hornspänen oder Algenkalk aufwerten. Sie können, wenn Sie jedoch nur Erde verwenden möchten eine gute Balkonpflanzenerde verwenden. Es ist jedoch immer ratsam diese Erde aufzuwerten. Verwenden Sie hierzu beispielsweise Gesteinsmehl oder Perlite. Haben Sie sich für ein Hochbeet entscheiden, welches mit Kräutern bepflanzt werden soll, dann ist am besten Kräutererde geeignet. Diese kann mit Sand angereichert werden. Bei Tomaten verwenden Sie spezielle Tomatenerde.

Verzichten Sie in Ihrem Hochbeet auf Kompost, so sollten Sie wissen, dass Sie auch auf Nährstoffe verzichten. Ebenso bleiben die Wärmeeffekte aus. Pflanzen wachsen, was bekannt ist und man muss Kompost nachfüllen, da dieser zusammensackt, entscheidet man sich nur für Erde so umgeht man dem lästigen Zusammensacken. Sie brauchen in einem solchen Fall viele Jahre keine Erde mehr nachfüllen.

Hochbeet kaufen, wo liegt man preislich?

Möchten Sie Ihr Hochbeet nicht selber bauen, sondern eines kaufen, dann stellt sich Ihnen sicherlich die Frage, was kostet ein solches eigentlich? Was muss man für ein gutes Hochbeet ausgeben? Sind günstige Modelle minderwertig? Eines vorweg, es gibt zahlreiche unterschiedliche Modelle zu kaufen, machen Sie sich vor dem Kauf Gedanken über die Größe des Hochbeetes, welches Material Sie wünschen und wenn es aus Holz sein sollte, welches Holz Sie wählen möchten. Haben Sie diese Punkte für sich festgelegt, dann geht es ans Preise vergleichen.

Hochbeete aus Holz mit einer Höhe von etwa 39 cm bekommt man im Handel bereits für knapp 180,00 Euro. Ein anderes Modell, welches mit einer Höhe von 77 cm daher kommt, schlägt mit etwa 280,00 Euro zu buche. Hochbeete aus Aluminium sind meistens preisgünstiger und können schon für unter 100,00 Euro erworben werden. Achten Sie beim Kauf auch auf die Länge, denn auch diese spielt beim Preis eine große Rolle.

Eine besonders günstige Alternative sind sicherlich Hochbeete aus Stein. Diese sind so günstig, da Sie die Steine selbst sammeln können und dann zu einem Hochbeet umfunktionieren könnten. Jedoch ist dies mit ein bisschen Arbeit verbunden, denn Sie müssen in das Hochbeet Stabilität hinein bekommen. Ein weiterer Punkt bei einem Hochbeet aus Stein ist sicherlich, dass die Steine schon so einiges wiegen und es nicht immer so einfach ist diese zu transportieren.

Selbstverständlich können Sie auch wesentlich günstigere und kleinere Hochbeete kaufen. Es muss gerade zu Anfang nicht ein großes Modell sein. Versuchen Sie sich vorab an einem Hochbeet. Lernen Sie aus eventuellen Fehlern und machen Sie das Beste daraus. Sie können feststellen, ob Ihnen ein Hochbeet überhaupt Freude bereitet und ob Sie sich für das richtige Hobby entschieden haben.

Hochbeet anlegen für Anfänger – Schritt für Schritt Erklärung

Es gibt zahlreiche Möglichkeiten um ein Hochbeet anzulegen, eine Möglichkeit möchte ich Ihnen hier aufzeigen in meiner Schritt für Schritt Anleitung. Gestalterisch können Sie Ihrer Fantasie bei einem Hochbeet freien Lauf lassen. Möchten Sie Ihr Hochbeet nur für eine Saison bepflanzen, dann sind Weidenruten, die geflochten sind absolut ausreichend. In den meisten Fällen soll ein Hochbeet jedoch über Jahre den Garten oder Balkon verschönern. In einem solchen Fall eignen sich Restbretter, wenn Sie Ihr Hochbeet selber bauen möchten oder massive Balkenkonstruktionen. Sie können Ihr Hochbeet selber bauen oder sich im Baumarkt für einen Bausatz entscheiden.

Im Gartencenter oder auch im Bauhaus können Sie ein sogenanntes Kastenbeet kaufen, was eine gute Möglichkeit bietet, um das erste Hochbeet zu gestalten. Solche Beete bestehen meistens aus Tanne, Kiefer oder Lärche. Das Material ist natürlichen Ursprungs und zudem äußerst robust. Selbstverständlich können Sie auch ein anderes Material für Ihr Hochbeet wählen. Es muss sich hierbei nicht zwangsläufig um Holz handeln.

Haben Sie das richtige Hochbeet ausfindig gemacht und möchten dieses beispielsweise in Ihrem Garten platzieren, so gibt es einiges zu beachten. Das Hochbeet sollte nicht nur den richtigen Standort haben, sondern Sie müssen dieses in Richtung Nord-Süd anlegen. Es ist anzuraten, dass Sie Ihren Gartenboden etwas ausheben. Heben Sie eine Grube mit einer Tiefe von etwa 30 cm und einer Länge von 150 cm aus. Bei der Länge sollten Sie vorab Ihr Hochbeet ausmessen, falls Ihnen die Größe nicht bekannt sein sollte. Geben Sie Ihr Hochbeet dann in die Grube und äußere Lücken füllen Sie wieder mit Erde. Der

Vorteil hierbei ist, sollte es mal etwas stürmischer werden, so kann Sturm Ihrem Hochbeet nichts anhaben.

Legen Sie den Boden des Hochbeetes mit engmaschigem Draht aus, damit beispielsweise Maulwürfe und Wühlmäuse keine Chance haben einzudringen. Einfassungen aus Holz sollten Sie unbedingt mit besonders dicker Gewebefolie auskleiden. Auf diese Art und Weise kann das Holz nicht so schnell verrotten und Sie haben über Jahre Freude an Ihrem Beet. Haben Sie Ihr Hochbeet richtig platziert, steht es gerade und Sie haben es ausgekleidet, dann geht es an die Befüllung.

Sie brauchen Ihr Hochbeet nicht zwangsläufig mit hochwertiger Blumenerde zu befüllen, was natürlich möglich ist, aber ganz schön ins Budget gehen kann. Sehen Sie Ihr Hochbeet als Komposter an. Verwenden Sie unterschiedliche Schichten, wobei Sie darauf achten sollten, dass die Schichten nach oben hin immer feiner werden. Möchten Sie Gemüse anpflanzen, so müssen Sie unterschiedliche Schichten, in unterschiedlicher Höhe anlegen.

Bei einem Gemüsehochbeet fangen Sie am besten mit einer Schicht Strauchschnitt, wie Ästen und Laub an. Diese Schicht sollte etwa 10 cm dick sein. Bedecken Sie diese mit etwas Erde. Danach geben Sie eine Schicht Häckselgut auf diese Schicht, die ebenfalls etwa 10 cm dick sein sollte. Nun noch etwa 15 cm reife Komposterde und 15 cm verrotteter Stallmist, danach noch 20 cm reife Komposterde und zum Schluss etwa 15 cm normale Gartenerde. Es ist besonders wichtig, dass Sie die beiden unteren Schichten besonders gut verdichten. Nach etwa einem Jahr fällt das Beet etwa 15 cm in sich zusammen. Dies ist ein ganz normaler Prozess, da die Verrottung begonnen hat. Sie können diese Schicht ganz einfach wieder auffüllen. Hierfür benutzen Sie einfach Erde. Sie sollten jedoch etwa alle 5 Jahre Ihr Hochbeet säubern, was bedeutet, dass alle Schichten entfernt und durch neue ersetzt werden sollten.

Hochbeet-Anbauplan für ein ganzes Jahr

Ein Anbauplan bringt Ihnen immer viele Vorteile. Sie können immer wieder auf diesen schauen, um das richtige Gemüse, zur richtigen Jahreszeit zu pflanzen. Im Januar können Sie beispielsweise Salat anpflanzen. Wichtig ist hierbei jedoch, dass Sie einen Aufsatz um Ihr Hochbeet befestigen. So schützen Sie den Salat vor Wind und Sturm, Kälte macht ihm nicht viel aus.

Der Februar ist der Monat schlechthin, wenn Sie Ihr Hochbeet bepflanzen möchten. Im Februar können Sie mit Erdbeeren, Spitzkohl, Spinat, sämtlichen Salatsorten, aber auch Rosenkohl, Tomaten und Zwiebeln loslegen. Dies ist jedoch nur in einem Hochbeet möglich, da dieses über zahlreiche Eigenschaften verfügt, die die frühe Bepflanzung zulassen.

Der März ist perfekt für weitere Sorten von Kohl geeignet. Brokkoli, Blumenkohl und Rotkohl bieten sich in erster Linie an. Doch auch Rote Beete, Erbsen, Knoblauch und Kartoffeln, sowie Rettich eignen sich perfekt im Monat März. Diese Gemüsesorten mögen es wenn der Winter sich so gerade verabschiedet hat und die ersten warmen Sonnenstrahlen herauskommen.

Der April ist genauso geeignet für alle Gemüsesorten, wie der März. Hier gibt es nur einen kleinen Unterschied, denn Sie können im April auch damit starten Porree zu pflanzen. Dieser mag es lieber, wenn es draußen wärmer wird, wenn er ein paar Sonnenstrahlen abbekommt, aber Porree hat auch keinerlei Probleme mit Regentagen.

Der Mai ist dafür bekannt und zudem sehr beliebt, das man unterschiedliche Bohnensorten einpflanzt. Welche Arten von Bohnen bleibt ganz alleine Ihnen überlassen. Der Mai ist der absolute Bohnenmonat und Ihre Bohnen werden es Ihnen danken, wenn Sie sie in diesem Monat sähen.

Der Juni ist nicht unbedingt der Monat, wo man Gemüse sähen sollte. Sie können aber problemlos noch Gemüse oder auch Kräuter nachsähen. In der Hauptsache wird das Gemüse im Monat Juni eher geerntet. Sie können alle Ihre Gemüsesorten genießen und probieren wie gut diese Ihnen gelungen sind.

Das Gleiche was für den Juni gilt, gilt auch für den Juli, denn auch dieser ist der absolute Erntemonat. Hier können Sie alles, was Sie das Jahr über eingepflanzt haben, ernten und genießen. Hier kann ich Ihnen nur einen guten Appetit wünschen.

Alle Gemüsesorten, die Sie bis August noch nicht geerntet haben, sollten Sie jetzt aus dem Boden holen. Jetzt sollte alles reif sein und Sie sollten tolles Gemüse für sich aus dem Boden holen können. Sie werden Ihre Ernte genießen.

Der September ist in der Regel genau der Monat, wo Sie Ihr Hochbeet pflegen können. Sie können dieses säubern, eventuell ausbessern oder auch neu anlegen, wenn Ihnen danach ist.

Möchten Sie gerne noch ein bisschen Gemüse einbringen, so eignet sich der Oktober für Feldsalat und Sie können zudem für das nächste Jahr schon einmal Knoblauch sähen. Ansonsten bietet sich dieser Monat an, um Ihr Hochbeet wetterfest zu gestalten. Decken Sie dieses ab und sorgen Sie dafür, dass keine Feuchtigkeit eindringen kann.

Die Monate November und Dezember sind die absoluten Ruhemonate. Ihr Hochbeet hat jetzt Pause und fällt quasi in den Winterschlaf. In den kalten Wintermonaten können Sie kein Gemüse, Kräuter oder Pflanzen einbringen. Diese würden die kalten Wintertage nicht überleben. Es besteht jedoch die Möglichkeit Grünkohl zu sähen, denn dieses Gemüse mag es kalt und hat keine Probleme mit Frost und Schnee.

Notizen:

_____

_____

_____

_____

_____

_____

_____

_____

_____

_____

_____

_____

_____

_____

Das Wichtigste in Kürze

Antworten auf viele Fragen, die Sie zum Hochbeet haben möchten wir Ihnen in Kürze beantworten, damit Sie gleich mit dem Bau Ihres Hochbeetes beginnen und Ihre Früchte ernten können. Es muss nicht immer ein großes Feld sein, welches man bestellen muss. Für den eigenen Bedarf, als Hobbygärtner oder einfach nur, wenn man mit Kindern die Natur kennenlernen möchte, eignen sich Hochbeete. Ein Hochbeet ist nicht nur zum bepflanzen sehr bequem, da es die optimale Höhe hat und man sich nicht bücken muss. Des Weiteren lassen sich Hochbeete auch sehr gut pflegen ohne das man später über Rückenschmerzen klagen müsste.

Welche Materialien eignen sich für Hochbeete?

Besonders gut geeignet für ein Hochbeet sind Holzarten, die sehr widerstandsfähig und hart sind. Besonders empfehlenswert sind Lärche, Eiche und Douglasie. Hochbeete lassen sich perfekt aus Terrassendielen bauen, wenn Sie ein bisschen handwerkliches Geschickt mitbringen und ein Hochbeet selbst bauen möchten.

Was kostet ein Hochbeet?

Entscheiden Sie sich dafür selbst ein Hochbeet zu bauen, so haben Sie die Kosten voll und ganz unter Kontrolle. Sie können das Material auswählen und eventuell auch alte Bretter, die Ihnen noch zur Verfügung stehen wählen. Selbstverständlich können Sie ein Hochbeet auch fertig oder als Bausatz kaufen. Hier spielt die Größe eine große Rolle. Es gibt kleinere Hochbeete für unter 100,00 Euro zu kaufen, aber auch solche die mehr als 500,00 Euro kosten. Achten Sie stets auf das Material, denn ein Hochbeet aus Stein ist kostenintensiver als beispielsweise eines aus Kunststoff.

Wie befüllt man ein Hochbeet richtig?

Die Befüllung eines Hochbeetes ist immer wieder ein großes Thema. Sie können ein solches mit passender Erde befüllen, was ein bisschen kostenintensiver ist und wo die Nährstoffe ausbleiben oder Sie entscheiden sich für Kompost. Kompost ist sicherlich die günstigste Möglichkeit ein Hochbeet zu füllen. Sie können alles das verwenden, was die Natur hergibt. Achten Sie jedoch bei dem Füllmaterial stets darauf, was Sie pflanzen möchten, denn Gemüse benötigt eine andere Füllung als beispielsweise Kräuter.

Was sollte keinesfalls in ein Hochbeet?

Möchten Sie Ihr Hochbeet vor unliebsamen Eindringlingen schützen, so ist eine Folie sicherlich eine gute Wahl. Doch Achtung, nicht jede Folie kann genutzt werden. Eine Teichfolie ist keine gute Wahl und diese sollten Sie keinesfalls verwenden. Teichfolie ist dafür bekannt, dass diese schwitzt. Bei einer Teichfolie entsteht Schwitzwasser und dieses drückt die Folie an den Rand Ihres Hochbeetes. Gerade bei Beeten aus Holz keine gute Wahl, denn das Holz würde anfangen zu schimmeln, sich zersetzen und müsste letztendlich entfernt werden. Sie sollten eine Folie verwenden, die ausreichend Luftzirkulation zulässt. Hier eignen sich hervorragend Noppenfolien.

Denken Sie zudem stets daran, dass Sie unter Ihr Hochbeet ein Fundament haben. Das Beet direkt auf der Erde zu platzieren ist keine gute Idee, denn es könnte nach und nach verrutschen oder einsinken. Ebenso könnte sich auch hier am Boden Schimmel bilden. Sie können Ihr Hochbeet auf Platten stellen oder Kies, auch Streusplitt bietet eine gute Möglichkeit.

Vergessen Sie keinesfalls das Wühlmausgitter nur weil Sie mit der Arbeit schneller fertig werden möchten. Sicherlich sind Wühlmäuse süße kleine Tierchen oder Sie haben in Ihrem Garten noch nie welche gesehen? Das wird sich sehr schnell ändern, wenn Sie Gemüse gepflanzt haben. Die Wühlmäuse werden alles daran setzen zu Ihrem Gemüse vorzudringen, daher ist ein Wühlmausgitter unverzichtbar.

Mit wie viel Schichten sollte ein Hochbeet befüllt werden?

Ein Hochbeet wird erst hoch durch seine unterschiedlichen Schichten. Hier sind reichhaltige Materialien unverzichtbar. Möchten Sie Ihr Hochbeet für den Gemüseanbau nutzen, so sollten Sie davon ausgehen, dass mindestens fünf Schichten eingeplant werden sollten. Zuerst beginnen Sie auf dem Boden mit dem Wühlmausgitter, dann Häckselgut, danach grober Kompost oder Stallmist, danach verrotteter Kompost und als oberste Schicht Erde oder auch Pflanzsubstrat.

Welches Holz ist das beste für ein Hochbeet?

Sicherlich gibt es einige Holzarten, die man wirklich gut für ein Hochbeet verwenden kann. Besonders beliebt sind Douglasie, Eichenholz und Robinie, doch die beste Wahl ist sicherlich Lärchenholz. Die Vorteile von dieser Holzart liegen fast auf der Hand. Lärchenholz verfügt über einen besonders hohen Anteil an Harz. Harz ist dafür bekannt, dass es auf natürliche Art und Weise vor Feuchtigkeit schützt. Sie müssen daher, falls Sie sich für Lärchenholz entscheiden, dieses nicht extra imprägnieren. Zudem ist diese Holzart sehr robust und bietet eine extreme Festigkeit. Lärchenholz wird daher auch immer wieder gerne für den Brückenbau eingesetzt. Ein weiterer sicherlich sehr großer Vorteil ist, dass Sie diese Holzart mehrere Jahre im Freien belassen können, ohne das diese bearbeitet werden müsste. Das Holz sieht durch seine rötliche Farbe nicht nur sehr ansprechend aus, sondern ist zudem witterungsbeständig, robust und langlebig.

Wie hoch sollte ein Hochbeet sein?

Welche Höhe ein Hochbeet haben sollte ist oftmals abhängig von der Pflanzenart, die Sie einbringen möchten. Die durchschnittliche Höhe liegt bei etwa 80 cm. Erdbeeren sollten Sie hingegen besonders hoch setzen, hier sind um die 100 cm angebracht. Selbstverständlich können Sie auch niedrige Beete verwenden. Kartoffeln oder Rosen kann man gut und gerne in ein Hochbeet mit einer Höhe zwischen 30 und 50 cm heranzüchten.

Wie lange ist ein Hochbeet aus Holz haltbar?

Ein Hochbeet aus Holz ist bei guter Pflege sicherlich 10 Jahre problemlos haltbar. Haben Sie sich im Vorfeld für gutes und hochwertiges Holz entschieden, wie beispielsweise Lärchenholz, dann kann ein Hochbeet auch gut und gerne 15 Jahre und länger halten. Sie sollten jedoch spätestens nach 5 Jahren die Füllung, somit die Erde oder den Kompost komplett entfernen und erneuern. Es gibt auch Holzarten, die ein bisschen mehr Aufmerksamkeit benötigen, wenn Sie bereits sind diese zu investieren, können auch diese Hochbeete aus Holz problemlos viele Jahre Ihren Garten oder Balkon verschönern.

Sollte ein Hochbeet abgedeckt werden?

Ein Hochbeet können Sie problemlos abdecken, jedoch sollten Sie dies vorrangig machen, wenn alle Pflanzen geerntet wurden. Entscheiden Sie sich hierbei für eine Mulchabdeckung aus halbreifem Kompost. Sie können als Alternative auch eine dunkle Folie wählen und somit Ihr Hochbeet in den Winterschlaf schicken. Mit einer Abdeckung nehmen Sie sich die Natur zum Vorbild. Im Herbst fallen die Blätter zu Boden und decken diesen ab. Der Boden wird somit gewärmt und kann nicht erfrieren. Sie können Hier altes Gehölz und Blätter aus dem Garten wählen, aber auch Erde und Kompost sind problemlos möglich. Auf diesem Wege schützen Sie zudem die wichtigen Lebewesen, die sich noch im Boden befinden und dort überwintern möchten.

Wie sollte man ein Hochbeet pflegen?

Ein Hochbeet ist nicht nur sehr schön anzusehen, sondern auch das ganze Jahr über mit Arbeit verbunden. Möchten Sie ein Hochbeet anlegen, so sollten Sie sich bewusst sein, dass dieses gepflegt werden muss, jedenfalls bis der Winter einbricht, dann fällt auch das

Hochbeet normalerweise in den Winterschlaf. Das Gartenjahr fängt in der Regel in dem Moment an, wenn der Boden nicht mehr gefroren ist. Haben Sie Ihr Hochbeet im Winter mit einem Frühbeet-Aufsatz versehen, so wurde dieses vor der Kälte geschützt und Sie können mit der Bepflanzung bereits früher anfangen.

Haben Sie Ihre Pflanzen erst einmal in den Boden eingebracht, dann müssen Sie das ganze Jahr über den Boden zwischenzeitlich immer mal wieder hacken und jäten. Zudem sollten Sie nicht vergessen zwischenzeitlich die Erde immer mal wieder etwas zu lockern. Befinden sich zwischen den Pflanzen offene Stellen, so vergessen Sie nicht diese zu mulchen. Dies bedeutet für Sie, dass die Erde mit beispielsweise getrocknetem Grasschnitt versehen werden sollte. Sie können auch Stroh- und Heuhäckseln verwenden. Die Bodenstruktur wird auf diesem Wege gelockert und Sie unterdrücken zudem das unliebsame Unkraut.

Haben Sie Ihr Hochbeet mit Kompost gefüllt, dann ist das Düngen nicht mehr erforderlich. Damit dies jedoch auch dauerhaft so bleibt sollten Sie den Kompost alle 5 bis 6 Jahre komplett austauschen. Sinkt das Hochbeet jedoch ein, was mit der Zeit ganz normal ist, dann sollten Sie dieses nicht einfach nur mit Erde auffüllen, denn dann ist das Düngen unerlässlich.

Gerade im Sommer benötigen Hochbeete die meiste Pflege. Sie müssen nicht nur sauber gehalten werden, sondern man muss die Pflanzen mit ausreichend Wasser versorgen. Einige Pflanzen müssen etwas häufiger gewässert werden, als dies bei anderen der Fall ist. Eines sollten Sie jedoch niemals machen, Ihre Pflanzen im Wasser ertränken. Geben Sie den Pflanzen zu viel Wasser, so kann nicht nur diese schimmeln, sondern auch der Boden kann sich mit Pilzen füllen.

Ist ein Hochbeet Stecksystem eine gute Wahl?

Ein Hochbeet Stecksystem ist eine gute Wahl, denn es lässt sich sehr einfach aufbauen, ist praktisch in der Handhabung und die ideale Lösung für alle die Menschen, die nicht sonderlich handwerklich geschickt sind. Zudem haben Sie ein solches Hochbeet in wenigen Minuten aufgebaut, was auch für alle Diejenigen perfekt ist, bei denen es einfach schnell gehen muss.

Grundsätzlich benötigen Sie zudem bei einem Hochbeet Stecksystem nur die Teile, welche bereits im Lieferumfang enthalten sind. Der Aufbau ist somit schnell fertig und Sie können mit der Bepflanzung beginnen.

1. Standort wählen

2. Untergrund ebnen

3. Grasnarbe abtragen

4. Hochbeet aufstellen

5. engmaschiges Drahtgitter in das Hochbeet integrieren

6. Kompost einfüllen

7. Pflanzenart einbringen

Ein Hochbeet mit Stecksystem ist wirklich einfach und es gibt dieses in unterschiedlichen Größen und in unterschiedlichen Preisklassen zu kaufen. Sie erhalten ein solches in jedem Gartencenter und auch Baumärkte bieten solchen an. Hier kann es sich absolut lohnen, wenn Sie die Preise miteinander vergleichen.

Wie hält man Schnecken und Co. von seinem Hochbeet fern?

Schnecken im Hochbeet sind einfach nervig. Sie fressen alles an und durchwühlen die Erde. Jeder, der bereits ein Hochbeet besessen hat kennt diese Problematik. Sie können jedoch den Kampf mit Schnecken ganz leicht aufnehmen. Es gibt einige Möglichkeiten, wie Sie Schnecken von Ihrem Hochbeet fernhalten können. Sie könnten an Ihrem Hochbeet Kupfer anbringen oder gleich ein ganzes Hochbeet aus Kupfer aufstellen. Sie werden nicht eine Schnecke, auch nur in der Nähe Ihres Hochbeetes entdecken, denn Schnecken meiden den Kontakt mit Kupfer. Der Schleim, bzw. die Sohle der Schnecke reagiert mit Kupfer. Es ist völlig ausreichend, wenn Sie nicht das ganze Hochbeet mit Kupfer versehen möchten, dass Sie lediglich einen Streifen Kupfer im Hochbeet anbringen.

Sie können auch auf einen Schneckenzaun aus Metall zurückgreifen. Ein solcher ist oftmals noch wirksamer, als dies ein Kufperstreifen ist. Ein Schneckenzaun ist mit einer Kante versehen, die für Schnecken aller Art unüberwindbar ist. Schnecken schaffen es nicht diesen Rand zu überwinden und daher werden Sie die kleinen Tierchen keinesfalls in Ihrem Hochbeet vorfinden. Eine andere Alternative sind Schneckenschutzleisten aus Kunststoff. Diese arbeiten nach dem gleichen Prinzip, wie ein Schneckenzaun. Möchten Sie auf natürliche Art und Weise Schnecken von Ihrem Hochbeet fernhalten, dann können Sie Pflanzen, wie Thymian, Rosmarin und Salbei in Ihr Beet einbringen.

Es besteht auch die Möglichkeit einer sogenannten elektrischen Schneckensperre. Diese besteht aus zwei Teilen und kriecht die Schnecke über diese, so erhält Sie einen leichten Stromschlag. Für die Schnecke absolut ungefährlich, aber dennoch mit großer Wirkung, denn diese wird den Rückzug antreten. Eine weitere Möglichkeit ist Schafwolle, da Schnecken gegen diese kriechen und sie nicht durchbrechen können. Einige Hochbeet-Inhaber nutzen auch gerne Schneckenkorn, doch diese Variante ist nicht sonderlich empfehlenswert, denn Sie würden die Schnecken töten.

Welche Erde ist für Hochbeete perfekt geeignet?

Es gibt unterschiedliche Erde für Hochbeete zu kaufen. Sicherlich kommt es letztendlich darauf an, was Sie in Ihrem Hochbeet pflanzen möchten. Sie können es sich aber auch einfach machen, denn im Handel gibt es eine Hochbeet Grundfüllung zu kaufen, die Sie problemlos verwenden können. Ebenso gibt es Hochbeet Kompost zu kaufen und nicht zu vergessen Hochbeet Erde. Diese drei Varianten können Sie problemlos für Ihr Hochbeet verwenden. Es gibt zudem auch spezielle Erde zu kaufen, die besonders gut ist, wenn Sie Kräuter pflanzen möchten oder Tomatenerde oder oder oder. Eigentlich gibt es für jeden Bedarf die richtige Erde im Gartencenter oder Baumarkt zu kaufen.

Kann man ein Hochbeet auch auf Pflastersteine stellen?

Es ist natürlich möglich, dass Sie Ihr Hochbeet auf Pflastersteine stellen. Es gibt hier jedoch einige Dinge, die Sie vorab bedenken sollten. Sie können in einem solchen Fall keine Pflanzen in Ihr Hochbeet einbringen, die sehr tiefe Wurzeln haben, da diese sich nicht frei entfalten können. Ebenso müssen Sie Ihr Hochbeet zudem regelmäßig gießen, da die Wurzeln keinen Bodenkontakt haben, sind diese besonders auf Sie angewiesen. Letztendlich bedeutet ein Hochbeet auf Pflastersteinen, dass Sie sich mehr um dieses kümmern müssen.

Haben Hochbeete einen Boden?

Ein Hochbeet, welches direkt auf dem Boden steht, beispielsweise im Garten, ein solches benötigt keinen Boden. Entscheiden Sie sich jedoch für ein Hochbeet auf dem Balkon oder auf der Terrasse, dann ist ein Boden unverzichtbar. Es ist keine Erde im unteren Bereich vorhanden und somit kann sich diese nicht mit Ihrem Hochbeet verbinden. Ein Betonboden, der sich auf dem Untergrund befindet spendet zwar sehr viel Halt, aber hier sollten Sie sich für ein Hochbeet mit Boden entscheiden.

Spielt die Form eines Hochbeetes eine Rolle?

Die Form eines Hochbeetes spielt in der Regel keine Rolle. Hier können Sie Ihrer Fantasie und Ihren Vorzügen freien Lauf lassen. Entscheidend ist eher die Größe oder das Material. Ein eckiges Hochbeet kann ebenso verwendet werden, wie ein rundes Hochbeet. Es gibt zudem einige Modelle, die in Form eines Bootes daherkommen oder welche, die die Form eines Tieres haben. Hochbeete sind sehr flexibel, ebenso wie Ihre Form.

Notizen:

_____

_____

_____

_____

_____

_____

_____

_____

FAQ

Was Sie immer schon über Hochbeete erfahren wollten oder offene Fragen, deren Beantwortung Sie noch benötigen, finden Sie in den FAQs.

Welche Pflanze eignen sich für ein Hochbeet, die wenig Pflege benötigen?

Die meisten Hochbeet-Liebhaber entscheiden sich für Gemüsesorten, die wenig Aufmerksamkeit benötigen, schnell heranwachsen und möglichst schnell geerntet werden können. Hierzu zählen im Allgemeinen Blattgrün, wie Kopfsalat, Lollo Rosso, Radicchio und Eisberg. Diese Salatsorten sind zudem besonders gut für Anfänger geeignet, da sie sehr dankbar sind und kleine Fehler problemlos in Kauf nehmen.

Lässt sich ein Hochbeet problemlos versetzen?

Ist ein Hochbeet einmal befüllt, so können Sie es in der Regel nicht mehr versetzen. Es ist einfach zu schwer. Bei einem leeren Hochbeet kommt es in erster Linie auf das verwendete Material an. Ein Hochbeet aus Holz oder Kunststoff kann man je nach Größe problemlos versetzen. Bei Hochbeeten aus Stein oder Metall sieht dies schon wieder anders aus. Hier sollten Sie sich, was den Standort angeht absolut sicher sein, denn ein späteres Versetzen ist fast unmöglich.

Wie pflegt man sein Hochbeet richtig?

Ist das Hochbeet einmal angelegt, so darf die richtige Pflege auch nicht zu kurz kommen, denn sonst war die bisherige Arbeit umsonst gewesen. Ein großer Vorteil bei einem Hochbeet ist, dass Sie dieses nicht umgraben müssen. Wichtig ist, dass Sie Ihre Pflanzen stets mit ausreichend Wasser versorgen und darauf achten, dass sich keine Staunässe bildet. Schauen Sie hier und da mal nach, ob keine

Schädlinge an Ihren Pflanzen vorhanden sind und die Blätter nicht gelb geworden sind. Ansonsten ist nur zu beachten, dass Sie Ihre Pflanzen im vorgegebenen Monat ernten.

Kann man im Winter gar nichts in sein Hochbeet pflanzen?

Da die meisten Gemüsesorten, Pflanzen und Kräuter Wärme benötigen sind die Monate November und Dezember nicht geeignet, um etwas zu sähen. Es gibt natürlich ein paar wenige Ausnahmen, wie beispielsweise Grünkohl. Diesem macht Kälte nichts aus. Sie haben zudem die Möglichkeit aus Ihrem Hochbeet ein Frühbeet zu machen. Sie müssen sich für Ihr Hochbeet hier lediglich eine Überdachung kaufen oder selber bauen und auch die Seiten vor Wind und Regen schützen. Zudem gibt es im Handel eine Art Heizung speziell für Hochbeete zu kaufen, diese können Sie verwenden, um das Wachstum Ihrer Pflanzen zu unterstützen.

Was ist Hochbeeterde?

Erde kommt in der Regel bei einem Hochbeet als oberste Schicht infrage. Darunter befindet sich Kompost. Es gibt Erde, welche speziell für Hochbeete zusammengesetzt wurde. Diese Erde trägt den Namen Hochbeeterde.

Was macht man mit seinem Hochbeet im Winter?

Im Winter ist Ruhezeit, nicht nur bei zahlreichen Tieren, sondern auch in der Natur. Man könnte meinen, dass diese ebenfalls in den Winterschlaf fällt. Sie können Ihr Hochbeet im Winter abdecken oder Sie pflanzen beispielsweise Lauch, Pastinaken oder Sprossenbrokkoli. Diese Sorten können auch im Winter gedeihen und gehen nicht ein.

Wie lange lässt sich ein Hochbeet verwenden?

Hierbei spielt das verwendete Material aus dem das Hochbeet besteht eine besonders große Rolle. Hochbeete aus Stein halten sehr lange, bei guter Pflege muss man diese niemals entsorgen. Ein Hochbeet aus

Kunststoff ist ebenfalls sehr langlebig und wird für Jahre zu einem Blickfang in Ihrem Garten. Ein solches Hochbeet verschönert Ihren Garten etwa 15 Jahre oder auch länger. Haben Sie sich für ein Modell aus Holz entschieden, dann können Sie ein solches Hochbeet etwa 10 Jahre verwenden.

Wie lange hält die Befüllung eines Hochbeetes?

Im Inneren des Hochbeetes findet ein Verrottungsprozess statt. Dies ist nicht ungewöhnlich, sondern ganz normal. Es ist nicht ungewöhnlich, dass die Schicht bereits im ersten Jahr nachdem das Hochbeet angelegt wurde, um bis zu zwanzig Zentimeter einsinkt. Sie können Ihr Hochbeet dann ganz einfach mit handelsüblicher Pflanzenerde wieder auffüllen. Wann der Schichteffekt jedoch abnimmt hängt stets von der Bepflanzung ab. Sie sollten davon ausgehen, dass Sie Ihr Hochbeet nach fünf bis etwa sieben Jahren erneuern müssen. Sie müssen das Hochbeet dann komplett entleeren, säubern und neu anlegen. Den alten Kompost müssen Sie jedoch keinesfalls wegwerfen, Sie können diesen immer noch verwenden. Sie können den Boden in Ihrem Garten verbessern oder den Kompost auf Ihr normales Gartenbeet geben.

Wie sollte der Untergrund eines Hochbeetes beschaffen sein?

Der Untergrund für ein Hochbeet ist optimal gewählt, wenn Sie sich für einen festen Boden entscheiden. Die Schwierigkeit hierbei ist, dass der Boden zwar fest sein sollte, aber dennoch durchlässig. Es ist anzuraten, dass Sie den Boden vor dem Bau eines Beetes vorbereiten, denn es ist absolut wichtig das überschüssiges Wasser immer die Möglichkeit bekommt abzulaufen. Denken Sie daran, dass es regnen kann und Ihre Pflanzen sollten niemals im Wasser stehen. Besteht Ihr Boden aus Beton, Stein oder einem anderen undurchlässigen Untergrund, so müssen Sie sich um eine andere Ablaufmöglichkeit kümmern. Sie könnten beispielsweise ein Rohr verlegen.

Entsteht im Hochbeet Unkraut?

Haben Sie Ihr Hochbeet richtig angelegt, so finden Sie in der Regel kein Unkraut vor. Sollte es dennoch einmal zu Unkraut in Ihrem Hochbeet kommen, so können Sie dieses ganz ohne Chemie bekämpfen. Verwenden Sie Mulch und Stroh und decken Sie Ihr Hochbeet mit diesem ab. Sie können zudem auch kochendes Wasser über Ihre Pflanzen gießen. Sie brauchen keine Angst zu haben, dass diese eingehen könnten,nein, nur das Unkraut wird hierdurch bekämpft. Entfernen Sie Unkraut unbedingt, denn wenn dieses einmal blüht, kann es Samen verstreuen und es wächst noch mehr Unkraut in Ihrem Beet. Sie können auch eine Folie oder sogar Papier auf Ihr Beet legen, jedoch denken Sie immer daran, dass Licht auf Ihre Pflanzen fallen sollte, denn ohne dieses können die Pflanzen nicht wachsen.

Funktioniert ein Hochbeet auch auf dem Balkon?

Immer wieder kommt es zu Aussagen, dass ein Hochbeet nur im Garten aufgestellt werden kann. Dies ist jedoch nicht zutreffend. Sie können ein solches auch in Ihrer Wohnung oder auf Ihrem Balkon anlegen. Hier muss man jedoch auf die Größe und ganz besonders auf die Tragfähigkeit des Balkons achten. Auf einem Balkon finden eher kleine Hochbeete ihren Platz. Ist ein Hochbeet mit Kompost und Erde befüllt, so kann dieses einige 100 kg wiegen, vergessen Sie dies nicht.

Welche Vorteile bietet ein Hochbeet aus Holz?

Ein Hochbeet aus Holz ist nicht nur preisgünstiger als dies bei anderen Materialien der Fall ist, sondern es benötigt auch wesentlich weniger Aufwand, als dies bei einem Hochbeet aus Stein der Fall ist. Es ist leicht zu demontieren und auch der Aufbau geht schnell von statten. Gerade Anfänger haben ein Leichtes mit einem Hochbeet aus Holz. Ein solches Hochbeet gibt es in unterschiedlichen Größen und Designs zu kaufen, auch bei der Wahl des Holzes findet man zahlreiche Möglichkeiten vor.

Bei einem Hochbeet aus Holz sackt das Innere erst nach 2 bis 3 Jahren ab, was bei zahlreichen anderen Modellen bereits vorher passieren kann. Sie haben mit einem solchen Hochbeet wesentlich weniger Arbeit. Es wird daher auch angeraten, wenn das Innere im unteren Bereich verrottet ist das Hochbeet wieder etwas aufzufüllen. Warum das Hochbeet etwa 20 cm absackt liegt einzig und alleine an den vorhandenen Nährstoffen, denn diese gehen irgendwann verloren. Damit Ihre Pflanzen dennoch richtig wachsen und gedeihen können, sollten Sie das Hochbeet stets, wenn Sie bemerken, dass dieses einfällt, auffüllen. So geben Sie neue Nährstoffe in das Beet und Ihre Pflanzen können sich wieder richtig entwickeln.

Kann ein Hochbeet auch Nachteile für den Nutzer haben?

Im Prinzip hat ein Hochbeet kaum Nachteile, sondern kann vorrangig mit seinen zahlreichen Vorteilen punkten. Wenn man überhaupt von Nachteilen sprechen kann, dann sind dies sicherlich die Anschaffungskosten. Diese können mit einigen Hundert Euro ins Gewicht fallen. Jedoch haben Sie sich einmal für ein hochwertiges Hochbeet entschieden, so macht sich dieses im Laufe der Jahre bezahlt.

Wer handwerklich geschickt ist, der kann sich ein Hochbeet selber bauen, was sicherlich günstiger ist, als wenn man sich ein solches kauft. Hier müssen Sie nur für das Material bezahlen. Der Nachteil an dieser Stelle liegt sicherlich in der Zeit, die Sie für den Eigenbau des Hochbeetes mit sich bringen müssen.

Es ist zudem wichtig, wenn Sie ein Hochbeet auf Ihrem Balkon oder auf der Terrasse errichten möchten, dass das Wasser problemlos ablaufen kann. Im Garten funktioniert dies über den Erdboden, ein solcher ist auf dem Balkon oder der Terrasse nicht vorhanden. Hier müssen Sie sich um eine andere Ablaufmöglichkeit kümmern. Ein externes Wasserrohr oder ein Schlauch können hier Abhilfe schaffen. Verzichten Sie auf einen Ablauf, eventuell, weil es einfach bequemer ist, so wird sich dies mit der Zeit rächen, denn es würde sich Staunässe bilden und letztendlich entsteht Schimmel Sie können in einem solchen Fall Ihr Hochbeet nicht mehr nutzen.

Möchten Sie Ihr Hochbeet auf dem Balkon platzieren, dann achten Sie unbedingt auf die Statik. Ein Hochbeet, welches letztendlich zu schwer ist kann einen großen Schaden an Ihrem Balkon verursachen. Dieser könnte sogar im schlimmsten Fall herunterfallen. Sind Sie sich unsicher, welches Hochbeet geeignet ist, so können Sie sich spezielle Hochbeete für Balkone ansehen. Diese sind so ausgelegt, dass sie trotz Befüllung nicht allzu schwer werden. Empfehlenswert sind hier auch Hochbeete aus Kunststoff, die von sich aus ein geringes Eigengewicht haben.

Haushaltstipps für Ihr Hochbeet

Damit es Ihrem Hochbeet immer gut geht und sich Ihre Pflanzen dauerhaft wohlfühlen, habe ich hier noch ein paar Haushaltstipps für Sie. Diese können Sie beim Wachstum Ihrer Pflanzen unterstützen und für ein natürliches, Nährstoffreiches Hochbeet sorgen.

Dünger für ein Hochbeet –
Kaffeesatz eine echte Alternative

Natürlicher Dünger ist immer besser, als wenn man eine chemische Keule verwendet. Eine echte Alternative kann Kaffeesatz sein. Diesen müssen Sie keinesfalls entsorgen, sondern können noch Gute mit diesem machen. Wussten Sie, dass in Kaffeesatz eine große Menge Nährstoffe enthalten sind? Diese verflüchtigen sich zwar mit der Zeit, aber dennoch bleibt eine große Menge übrig. Im Kaffeesatz sind Phosphor, Stickstoff und Kalium enthalten. Diese Nährstoffe unterstützen Ihre Pflanzen beim Wachstum.

Sie müssen nicht zwangsläufig auf Kaffeefilter zurückgreifen, sondern können auch problemlos gebrauchte Kaffee-Pads verwenden. Diese eignen sich zudem nicht nur für Ihr Hochbeet, sondern Sie können diese auch in Ihrem Garten verwenden. Selbst Ihre Zimmerpflanzen lieben den Kaffeesatz und werden es Ihnen danken, wenn Sie diesen verwenden.

Wussten Sie zudem, dass Kaffeesatz etwas säuerlich ist? Es senkt auf natürliche Art und Weise den pH-Wert in Ihrem Beet und Wasser, welches kalkhaltig ist wird Dank des Kaffeesatzes neutralisiert. Ein weiterer Vorteil ist, dass Sie mit dem Kaffeesatz Regenwürmer in Ihren Garten locken können. Diese sorgen für eine ausgesprochen gute Durchlüftung des Bodens, was für Ihre Pflanzen eine große Bereicherung ist.

Wie können Sie mit Kaffeesatz richtig düngen?

Selbst beim schlichten und einfachen Kaffeesatz muss man ein paar Dinge beachten, damit das Düngen gelingt. Es ist sehr wichtig, dass Sie den Kaffeesatz austrocknen lassen. Legen Sie hierfür beispielsweise eine extra Dose an. Der Kaffeesatz muss kalt und trocken sein, damit dieser nicht schimmeln kann.

Heben Sie den Kaffeesatz unter die Erde und legen Sie ihn nicht einfach oben auf. Ebenso sollte es sich hierbei eher um Pulver handeln, bzw. große Klumpen sollten Sie vermeiden, da es ansonsten dennoch zu einer Schimmelbildung kommen kann. Im Inneren des Kaffeesatzes könnte sich immer noch Feuchtigkeit befinden, die Sie dann in Ihrem Hochbeet freisetzen würden.

Sie können Ihren Kaffeesatz so etwa alle drei Monate unter Ihr Hochbeet geben. Bei Zimmerpflanzen sieht dies wieder anders aus, denn hier reicht es zweimal im Jahr Kaffeesatz zu verwenden. Ein weiterer großer Vorteil, den Kaffeesatz mit sich bringt ist, dass Ameisen diesen so gar nicht leiden mögen. Sie hassen den Geruch und würden Ihr Hochbeet daher absolut in Ruhe lassen.

Blattläuse mit Rapsöl bekämpfen

Rapsöl ist ein natürliches Insektizid. Sie müssen dieses lediglich mit Wasser mischen und können es in Ihr Hochbeet bzw. auf Ihre Pflanzen geben. Das Verhältnis der Mischung sollte bei 3:7 liegen. Nehmen Sie 70 ml Wasser und 30 ml Rapsöl. Wichtig ist das Sie beide Flüssigkeiten schütteln, damit sich eine Emulsion ergibt. Hierzu eignet sich am besten ein Marmeladenglas oder ein anderes Gefäß, welches über einen Deckel verfügt.

Sie können vor dem Schütteln auch einen Tropfen Spülmittel mit in das Glas geben. In diesem Fall findet eine schnellere Verbindung zwischen Wasser und Rapsöl statt und Sie müssen nicht so lange schütteln. Haben Sie das Gemisch auf Ihre Pflanzen aufgetragen, so verlieren Blattläuse den Halt, sie rutschen ab und landen auf dem Boden. Des Weiteren umhüllt die Mischung die Blattläuse und sie ersticken. Das Gleiche geschieht mit eventuell vorhandenen Larven.

Einen Tipp hätte ich noch, sollten sich noch recht junge Pflanzen in Ihrem Hochbeet befinden, dann können Sie zur Bekämpfung auch problemlos herkömmliche Milch verwenden. Blattläuse bei jungen Pflanzen können Sie auf diese Art und Weise wesentlich effektiver bekämpfen und schädlich ist Milch ebenfalls nicht.

Veredeln von Tomaten mit diesem einfachen Trick

Wer schon öfters ein Hochbeet angelegt hat, der möchte neue Dinge ausprobieren. Tomaten zu veredeln zählt hier zu den absoluten Favoriten. Achten Sie hierbei auf einige Dinge, so kann Ihnen problemlos eine solche Veredelung auch gelingen. Sie müssen hier zwei unterschiedliche Tomatenpflanzen miteinander kombinieren. Es ist wünschenswert, dass Sie als sogenannte Unterlage eine robust und gleichzeitig widerstandsfähige Tomatenpflanze aussuchen. Diese sollte zudem über eine stabile und zugleich kräftige Wurzel verfügen. Damit Sie die positiven Eigenschaften der Tomatenpflanze miteinander vereinen können, sollten Sie nun noch eine ertragreiche Edelsorte auswählen. Diese beiden Tomatenpflanzen müssen miteinander kombiniert werden.

Haben beide Pflanzenarten eine ungefähre Wuchshöhe von etwa 10 cm können Sie mit der Veredelung beginnen. Sie müssen hierfür lediglich die Unterlage direkt unter dem ersten Blattpaar abschneiden. Sie benötigen hierfür lediglich den unteren Teil, den oberen Teil können Sie entsorgen. Ebenso gehen Sie nun mit der anderen Tomatenpflanze vor, jedoch benötigen Sie hier den oberen Teil der Pflanze. Die Schnittfläche beider Pflanzen sollte möglichst gleich sein. Beide Teile müssen nun lückenlos aufeinander liegen. Sie können diese mittels eines Stäbchens verbinden. Es gibt auch Sets zu kaufen, die Ihnen die Arbeit erleichtern. Die Schnittflächen müssen unbedingt genau übereinander liegen, nur so kann es zu einer Verbindung der beiden Tomatensorten kommen. Verbinden Sie diese sicher miteinander.

Märzfliege im Hochbeet Ärgernis oder Seegen?

Da die Märzfliege in der Regel niemals alleine unterwegs ist, sondern eher in Gruppen, wirkt sie oft bedrohlich. Sie sind jedoch keinesfalls schädlich. Sie ist etwa 8 bis maximal 11 cm groß und ist extrem stark behaart. Einige Menschen ekeln sich vor ihr, doch hierfür gibt es absolut keinen Grund. Die Märzfliege liebt Pflanzen, daher lässt sie sich auch immer wieder gerne auf einem Hochbeet nieder.

Märzfliegen fressen alles, daher spricht man auch von sogenannten Allesfressern. Die Märzfliege wird auch gerne als Markusfliege bezeichnet. Sie ernähren sich hauptsächlich von abgestorbenen Pflanzen und bildet somit in Ihrem Hochbeet Humus. Es kann schon mal passieren, dass die Märzfliege versehentlich Wurzelstöcke anfrisst, die jedoch noch leben. Besonders beliebt sind hier die Wurzelstöcke von Tomaten, Kartoffeln oder Zuckerrüben und Getreide. Sie fressen jedoch auch Schädlinge und gelten daher als natürlicher Schädlingsbekämpfer.

Problem, gelbe Blätter bei Tomaten

Gelbe Blätter an Tomaten sind ein echtes Ärgernis. Handeln Sie nicht sofort, so sind Ihre Tomaten über kurz oder lang ungenießbar. Es gibt jedoch einen geheimen Gartentipp, der Sie aufatmen lassen kann. Gelbe Blätter bei Tomaten treten in der Regel dann auf, wenn Ihre Tomaten zu wenig Sonnenlicht erhalten. Wichtig ist, auch wenn der Standort perfekt ist, dass Ihre Tomaten nicht von anderen, größeren Pflanzen überdeckt werden, die ihnen das Sonnenlicht rauben. Haben Sie alles richtig gemacht und Ihre Tomaten haben dennoch gelbe Blätter, dann kann es daran liegen, dass diese zu viel Wasser abbekommen haben. Schauen Sie sich Ihre Tomaten genauer an. Wo befinden sich die gelben Blätter? Sind diese eher im unteren Bereich vertreten, dann können Sie die gelben Blätter einfach entfernen. Tomaten müssen regelmäßig gegossen werden, wichtig ist jedoch, dass der Boden nicht zu nass wird.

Wie viel Dünger benötigt ein Hochbeet?

Jedes Beet und jede Topfpflanze benötigt Dünger. Der Dünger versorgt die Pflanzen mit lebensnotwendigen Nährstoffen. Sinnvoll ist es, wenn Sie in Ihr Hochbeet Dünger geben möchten, dass Sie Ihre Erde mit Dünger vermischen. Dies ist der einfachste Weg, damit alle Ihre Pflanzen mit Dünger gleichmäßig versorgt werden. Sind ausreichend Nährstoffe im Boden enthalten, so können Ihre Pflanzen bestens gedeihen. Im Handel gibt es unterschiedliche Arten von Dünger zu kaufen. Sie haben die Wahl, ob Sie Dünger für Kräuter, Gemüse, Blumen oder andere Pflanzenarten benötigen.

In einem Hochbeet wachsen in den meisten Fällen deutlich weniger Pflanzen heran, als dies in einem Beet der Fall ist, jedoch sind diese Pflanzen bzw. Gemüsesorten oftmals wesentlich größer, als die in einem Gemüsebeet. Sie können Ihre Pflanzen ruhig düngen, doch vor dem Verzehr sollten Sie diese stets gründlich waschen. Sie wissen bei den eigenen Gemüsesorten aus Ihrem Hochbeet immer, was in Ihrem Gemüse vorhanden ist. Die Qualität Ihrer Ernte ist in jedem Fall wesentlich höher, als wenn Sie Gemüse kaufen.

Schutz vor Eindringlingen

Schnecken, Blattläuse, Hasen und zahlreiche andere Tiere lieben Gemüse unterschiedlicher Art. Sie kriegen schnell spitz, wenn ein neues Buffet für sie aufgebaut wurde. In diesem Fall Ihr Hochbeet. Sie versuchen alles, was nur möglich ist, um in Ihr Hochbeet einzudringen. Sie sollten dieses daher von oben, von unten und auch von den Seiten schützen. Es gibt viele Möglichkeiten, wie dies gelingen kann. Bauen Sei beispielsweise Erhöhungen um Ihr Hochbeet, so haben Schnecken keine Chance. Pflanzen Sie ein bisschen Thymian zwischen Ihre Pflanzen, dann werden Sie kaum Schädlinge vorfinden, ebenso sieht es bei Knoblauch aus. Die lästigen Tierchen mögen den Geruch nicht. Hasen werden sich nur selten in Ihr Hochbeet verirren. Hilft alles nichts, so können Sie Ihre Pflanzen mit speziellen Mitteln behandeln, doch dies sollte die letzte Wahl sein.

Welche Vorsichtsmaßnahmen gegen Eindringlinge können getroffen werden?

Ein Wühlmausgitter sollte immer zum Standard gehören. Dieses sollten Sie direkt mit einbinden, wenn Sie Ihr Hochbeet errichten. Sie können zudem noch ein Maulwurfsgrillengitter befestigen, sowie ein Insekten- und Vogelschutznetz. Wer ganz sicher gehen möchte, dass sich keine Tiere in seinem Hochbeet verirren, der kann noch zusätzlich eine Schneckenschutzkante am Hochbeet befestigen. Es gibt zudem Dächer speziell für Hochbeete, die Licht hinein lassen und Ihr Gemüse vor unliebsamen Eindringlingen schützen. Hier haben auch Vögel keine Chance.

Wie qualitativ ist ein Hochbeet aus dem Discounter?

Meistens im Frühjahr bieten zahlreiche Discounter Hochbeete in unterschiedlichen Größen und zu niedrigen Preisen an. Gerade der günstige Preis lässt viele Gärtner stutzig werden. Sie müssen sich diesbezüglich jedoch keine Sorgen machen, gerade Anfänger können mit einem solchen Hochbeet erste Erfahrungen sammeln. Ein komplettes Set, indem alles was man benötigt vorhanden ist und das zu einem günstigen Preis ist besonders vielversprechend für jeden, der sein erstes Hochbeet anlegen möchte. Doch auch für Fortgeschrittene Hobbygärtner sind Hochbeete aus dem Discounter eine große Bereicherung. In den meisten Fällen erhalten Sie, wenn Sie sich ein Komplett-Set kaufen, eine übersichtliche Anleitung dazu, ebenso Informationen über den Aufbau.

Hochbeet aus dem Winterschlaf holen

Gärtner können den Winter kaum abwarten und es kribbelt ihnen extrem in den Fingern, wenn die Luft wieder milder wird und die Tage länger. Bald ist es soweit, der Frühling kommt zum Vorschein und die ersten Gemüsesorten können ins Hochbeet gegeben werden. Der Frühling ist die Zeit, wo Sie Ihr Hochbeet wieder fit machen können. Hat Ihr Hochbeet überwintert, dann nehmen Sie als erstes die vorhandene Schutzschicht weg. Hierbei kann es sich um eine Folie handeln, aber auch Stroh, Laub oder Kompost.

Haben Sie im Winter Pflanzen, wie Grünkohl in den Boden Ihres Hochbeetes eingebracht, dann ist jetzt der richtige Zeitpunkt die Pflanzen zu entfernen. Der nächste Schritt ist, dass Sie Ihr Hochbeet gut durch haken, denn so entfernen Sie eventuell vorhandene Wurzelreste, Blütenrückstände, Äste und Laub. Die oberste Erdschicht sollte aufgelockert werden. Als nächsten Schritt gießen Sie Ihr Hochbeet ordentlich. Die trägt nochmals zur Lockerung des Bodens bei und Sie bereiten Ihr Hochbeet darauf vor, dass Sie neue Pflanzen in den Boden geben werden. Bemerken Sie bei der Vorbereitung, dass sich Ihr Hochbeet abgesackt hat, dann sollten Sie dieses mit Erde auffüllen. Füllen Sie Ihr Hochbeet das zweite oder dritte Jahr auf, dann brauchen Sie nichts weiter zu machen. Im 4. oder 5. Jahr sollten Sie der Erde etwas Dünger hinzuführen, damit ausreichend Nährstoffe im Boden vorhanden sind.

Keine Lust das Hochbeet mit Gemüse erneut zu befüllen?

Es kommt auch schon einmal vor, dass man einfach keine Lust hat neues Gemüse einzupflanzen oder einem die Zeit fehlt, verrottet das Hochbeet dann? Nein, das ist kein Problem. Sie könnten jedoch Wiesenblumen einbringen. Hierzu zählen Kamille, Ackerrittersporn, Klatschmohn, aber auch Kornblumen. Ihr Hochbeet steht nicht leer und nutzlos in Ihrem Garten oder auf dem Balkon herum und es sieht ansprechend aus. Des Weiteren haben Sie mit diesen Gewächsen keine Arbeit.

Ein großer Vorteil von Wiesenblumen ist, dass diese sich im Hochbeet mit dem nährstoffreichen Boden immer wieder neu aussähen. Sie gedeihen wesentlich besser und Ihr Hochbeet steht nicht nutzlos herum. Kümmern Sie sich gar nicht mehr um das Hochbeet, so würde dieses nach und nach verrotten und irgendwann müssten Sie es komplett entfernen.

Pflegeleichte Hochbeete im Handumdrehen fertiggestellt

Damit ein Hochbeet besonders pflegeleicht wird ist die richtige Planung unverzichtbar. Wer träumt nicht von einem Hochbeet, das nicht nur gut aussieht, sondern im Nachhinein auch wenig Arbeit macht. Sie können sich später zusätzlichen Mehraufwand sparen, wenn Sie auf einige Dinge bei der Gestaltung des Hochbeetes achten. So haben Sie wesentlich mehr Zeit Ihre Seele baumeln zu lassen und auf die Ernte zu warten.

Haben Sie sich für Pflanzen oder Gemüse entschieden, welches Sie pflanzen möchten, dann ist die Qualität das A und O. Sicherlich sind qualitativ hochwertige Pflanzen in der Anschaffung etwas teurer, sie machen sich jedoch bezahlt. Möchten Sie Akzente in Ihrem Hochbeet setzen, so nutzen Sie immergrüne Gehölze. Sie können somit das ganze Jahr ein ansehnliches Hochbeet Ihr Eigen nennen.

Unkraut ist einfach furchtbar lästig und man mag seine Zeit mit der Entfernung nicht vergeuden. Sie können diesem mit Unkrautvlies entgegenwirken. Legen Sie das Vlies in Ihrem Hochbeet aus und Sie werden nie mehr Arbeit mit Unkraut haben. Das Vlies ist wasserdurchlässig und atmungsaktiv, somit brauchen Sie sich keine Gedanken darüber zu machen, dass es zur Staunässe kommen könnte.

Damit sich die unterschiedlichen Pflanzen während der Wachstumsphase nicht in die Quere kommen, sollten Sie auf ausreichend Abstand beim Einpflanzen achten. Des Weiteren achten Sie bei der Platzierung Ihres Hochbeetes unbedingt auf einen guten Untergrund, der Boden sollte vorbereitet werden. Müssen Sie hier im Nachhinein etwas ändern, kann dies sehr arbeitsintensiv sein.

Denken Sie zudem stets daran, dass Sie Ihr Werkzeug, welches Sie für die Pflege Ihres Hochbeetes verwenden, stets in einwandfreiem

Zustand sein sollte. Das richtige Werkzeug, zur richtigen Zeit kann viel Arbeit ersparen. Es gibt einige Hochbeete, die die Möglichkeit bieten, dass benötigte Werkzeug gleich griffbereit zu verstauen.

Ein weiterer Tipp für Ihr Hochbeet ist, dass Sie die Zwischenräume mulchen. Mulch ist sehr gut geeignet, gerade im Sommer, damit Ihre Pflanzen zwar ausreichend Sonne erhalten, aber die Wurzeln stets gekühlt sind. Mulch zersetzt sich zudem im Laufe der Zeit, daher sollten Sie den Mulch, wenn Sie Ihr Hochbeet auffüllen, ebenfalls immer mit auffüllen. Ein weiterer sicherlich wichtiger Tipp ist, dass Sie Ihr Gemüse, Ihre Pflanzen oder Kräuter stets mit ausreichend Wasser versorgen. Gießen Sie jedoch keinesfalls bei direkter Sonneneinstrahlung, Ihre Pflanzen könnten verbrennen. Der beste Zeitpunkt ist am frühen Abend, wenn die Sonne sich zurückgezogen hat.

Blumen in einem Hochbeet heranzüchten, ist das möglich?

Ein Blumenhochbeet ist ein sehr großer Blickfang. Es sieht toll aus, macht einiges her und man hat immer frische Blumen, wenn man diese benötigt. Sie sollten jedoch fürs erste Jahr indem Sie Blumen in Ihr Hochbeet pflanzen möchten auf Starkzehrer zurückgreifen. Hier eignen sich hervorragend Geranien, Sonnenblumen, Tulpen und Chrysanthemen. Möchten Sie im zweiten Jahr erneut Blumen pflanzen, dann sind Mittelzehrer eine gute Wahl. Hierzu zählen Gloxinien, Dahlien und Löwenmäulchen. Im dritten Jahr sind dann Schwachzehrer an der Reihe. Hierzu zählen Begonien, Primeln und Azaleen.

Sie können jedoch auch Gemüse mit Blumen pflanzen. Hier sollten Sie jedoch unbedingt darauf achten, welche Blumen zu welchen Pflanzen passen, ebenso sieht es bei Kräutern aus. Im Prinzip vertragen sich sämtliche Blumenarten mit Kräutern und Gemüse, solange ausreichend Sonneneinstrahlung gegeben ist und alle Arten sich frei entfalten können. Sie dürfen nicht zu nahe beieinander wachsen. Mischhochbeete sind stets die richtige Wahl, wenn Sie unterschiedliche Pflanzen, Gemüse, Kräuter und Blumen pflanzen möchten.

Hochbeete als Trennschutz

Hochbeete dienen nicht nur als schöner Zeitvertreib und als Gemüsebeet, sondern diese kann man auch hervorragend als Sichtschutz verwenden. Den Garten vom Nachbarn abtrennen und das auch noch mit wunderschönen Blumen, leckerem Gemüse oder Kräutern. Die Möglichkeiten sind hier sehr vielseitig. Sie können jedoch auch mit einem Hochbeet Ihren Eingangsbereich einladend gestalten.

Es müssen nicht immer Bäume oder ein Zaun sein, wenn Sie auf der Suche nach Privatsphäre sind. Zudem bietet ein Hochbeet den großen Vorteil, dass Sie dieses jedes Jahr anders gestalten können. Es wird niemals langweilig werden. Des Weiteren lässt sich hervorragend eine Terrasse abgrenzen vom übrigen Garten. Ein echt toller Blickfang, der über Jahre hält. Eines ist ganz sicher, haben Sie Ihr Hochbeet einmal angelegt, so können Sie sich sicher sein, dass es kein zweites Hochbeet gibt, welches genauso aussieht.

Hochbeet mit Rankgitter und Selbstbewässerungssystem

Ein Hochbeet mit einem Rankgitter ist ein echter Hingucker. Es sieht nicht nur sehr ansprechend aus, sondern hilft Ihren Pflanzen zudem in die richtige Richtung zu wachsen, ohne abzuknicken. Ist zusätzlich noch ein Selbstbewässerungssystem vorhanden, so haben Sie so gut wie gar keine Arbeit mehr mit Ihrem Hochbeet. Ein solches Hochbeet verfügt über einen kleinen Tank, den Sie einfach nur mit Wasser befüllen und Ihre Pflanzen ziehen sich nach und nach die Menge an Wasser, die sie benötigen. Ist der Tank leer füllen Sie diesen einfach wieder auf. Solche Hochbeete sind nicht nur perfekt für den Außenbereich geeignet, sondern Sie können ein solchen auch in Ihrer Wohnung aufstellen. Fahren Sie in Urlaub, so brauchen Sie sich nicht darum bemühen, dass sich jemand um Ihre Pflanzen kümmert. Das haben Sie bereits erledigt.

Was ein solches Hochbeet kostet ist recht unterschiedlich. Hier kommt es, ebenso wie bei jedem anderen Modell auf die Größe und das Material an. Es gibt schon sehr gute Hochbeete mit Rankgitter und Selbstbewässerungssystem für unter 100,00 Euro. Möchten Sie auf das Selbstbewässerungssystem verzichten und nur ein Rankgitter angebracht haben, so ist auch dies möglich. In einem solchen Fall ist das Hochbeet noch etwas günstiger in der Anschaffung.

Hochbeet mit Einsätzen

Hochbeete mit Einsätzen sind ebenfalls ein Hingucker und lassen sich ausgesprochen gut bepflanzen. Diese Modelle gibt es in unterschiedlichen Größen und mit unterschiedlichen Einsätzen. Sie haben die Wahl zwischen zwei Einsätzen, drei oder sogar vier Einsätzen. In der Regel sind diese Einsätze fest integriert und können nicht herausgenommen werden. Das Wasser kann jedoch Dank des Materials hervorragend ablaufen. Staunässe brauchen Sie in diesen Hochbeeten nicht zu befürchten. Sie können beispielsweise unterschiedliche Sorten von Gemüse, Kräutern, Pflanzen oder Blumen einbringen. Es ist ebenfalls möglich jeden Einsatz anders zu bepflanzen. Hier können Sie Ihrer Fantasie freien Lauf lassen.

Hochbeet mit Dach

Ein Hochbeet mit Dach ist auch eine gute Möglichkeit, um zahlreiche unterschiedliche Pflanzen zu sähen. Sie sollten beim Kauf jedoch unbedingt darauf achten, dass sich das Dach kippen lässt. So können Sie entscheiden, ob Ihre Pflanzen Sonnenlicht bekommen sollen oder nicht. Sie können Ihr Gemüse zudem vor Regen schützen. Eine gute Möglichkeit, um perfekt Gemüse heranzuzüchten. Ein solches Hochbeet verwenden meistens Profis, die sich schon ein bisschen mit der Anlage eines Hochbeets auskennen. Dennoch können auch Anfänger ein solches Hochbeet sehr gut verwenden. Die Hochbeete mit Dach gibt es hauptsächlich aus Holz zu kaufen, aber mittlerweile finden Sie solche Hochbeete auch aus Kunststoff gefertigt.

Pflanzkasten Hochbeet

Das Pflanzkasten Hochbeet ist eine eher moderne Art des Hochbeetes. Die meisten Modelle sind aus Kunststoff gefertigt und bestehen aus mehreren verbundenen Blumenkästen. Einen solchen Pflanzkasten können Sie auch perfekt als Raumteiler verwenden. Sie bieten jedoch nur wenig Platz und Sie können nur eine geringe Menge an Blumen, Kräuter oder Gemüse anbauen. Sie haben jedoch 5 Etagen zur Verfügung. Ein toller Vorteil von diesem Hochbeet ist, dass Sie

Wasser lediglich in einen der fünf Pflanzkästen gießen müssen und die anderen Kästen automatisch mit bewässert werden. Ein solches Modell können Sie bereits für um die 80,00 Euro kaufen. Sie werden lange Freude an diesem haben und können es im Innen- sowie Außenbereich platzieren.

Mehrstöckiges Hochbeet

Ein Hochbeet ist eine Variante eines Gartenhauses, jedoch ist ein solches höhergestellt. Mehrstöckige Hochbeete liegen voll im Trend. Dem stilvollen Gärtnern steht nichts mehr im Wege. Ob auf dem Balkon, der Terrasse oder im Garten, ein mehrstöckiges Hochbeet hat viele Vorteile zu bieten. Ein solches Hochbeet ist nicht nur schön anzusehen, sondern auch für alle, diejenigen geeignet, die nicht viel Platz zur Verfügung haben. Mehrere Etagen sind vorhanden bei einem solchen Hochbeet, wo Sie jede einzelne Etage anders bepflanzen können. Die Pflanzkästen bei einem mehrstöckigen Hochbeet lassen sich in der Regel in der Höhe verstellen. Dies ist besonders praktisch, wenn Sie mit dem Hochbeet arbeiten möchten, so stellen Sie die Pflanzkästen immer so ein, dass Sie rückenschonend arbeiten können. Sind Sie fertig, so können Sie den Pflanzkasten wieder nach oben oder unten befördern. Zudem lässt sich ein hochwertiges, höhenverstellbares Hochbeet neigen. Der Vorteil hierbei ist, dass Sie Ihre Pflanzen immer in Richtung der Sonne drehen können. Diese erhalten den ganzen Tag somit die perfekte Sonneneinstrahlung und können wachsen und gedeihen.

Ist ein Hochbeet für mich das Richtige?

Sie haben Interesse daran Gemüse selbst anzubauen und zu ernten und würden gerne erst einmal ausprobieren, ob Ihnen dieses Hobby Spaß macht? Ein Hochbeet ist Ihnen zu kostspielig? Das ist gar kein Problem. Sie können auch einen etwas größeren Blumentopf nehmen und erst einmal klein anfangen. Eventuell pflanzen Sie erst einmal nur eine Gemüsesorte und schauen wie sich diese entwickelt. Sie müssen diese natürlich hegen und pflegen. Ist das Ergebnis zufriedenstellend, dann können Sie sich ein kleines Hochbeet anschaffen und andere Pflanzen heranzüchten und langsam nach und nach sich immer mehr vergrößern. Sie werden sicherlich zu Anfang etwas Geduld haben müssen. Eventuell glauben Sie auch zwischendurch, dass Ihr Gemüse nichts mehr wird, aber das kann täuschen. Sie müssen etwas Geduld mitbringen.

Bonusteil –
Tipps und Tricks für ein perfektes Hochbeet

Hochbeete sind sicherlich momentan ein absoluter Trend, der auch nicht abnehmen wird. Im eigenen Garten, auf dem Balkon oder in der Wohnung sein eigenes Gemüse zu ernten ist sicherlich von vielen Naturliebhabern ein echter Traum. Gerade Anfänger, aber auch Profis müssen oder können immer noch einiges hinzulernen, damit das Hochbeet nur Freude bringt. Hochbeete sind aber auch so beliebt, weil diese nicht nur den Rücken, sondern auch die Knie schonen. Gärtnern findet bei zahlreichen Menschen einfach nicht statt, weil diese Art von Arbeit extrem in den Rücken gehen kann. Mit einem Hochbeet hat man jetzt keine Ausreden mehr. Gerade Kinder lernen auf diese Art und Weise unterschiedliche Kräuter-, Gemüse- und Pflanzenarten kennen und der Spaß kommt auch nicht zu kurz.

Damit Sie wesentlich mehr Freude, anstatt Arbeit mit Ihrem Hochbeet haben, habe ich Ihnen noch ein paar Tipps und Tricks zusammengestellt, damit es auch wirklich mit dem Hochbeet klappt. Überlegen Sie sich vorab besonders gut für welches Material Sie sich entscheiden möchten. Sicherlich ist Holz am beliebtesten, denn dieses gehört zu den natürlichen Rohstoffen. Es lässt sich leicht auf-, ab- und umbauen. Doch Sie dürfen nicht vergessen, dass Holz auch am ehesten verrottet. Dem Verrottungsprozess können Sie jedoch etwas entgegenwirken indem Sie sich für hochwertiges Holz, wie Lärche, Esche, Eiche oder Buche entscheiden. Diese Holzarten sind sehr witterungsbeständig und daher auch langlebig. Kleiden Sie zudem Ihr Hochbeet unbedingt mit einer Noppenfolie aus. Diese verlängert die Haltbarkeit Ihres Hochbeetes nochmals um ein Vielfaches. Es ist zudem anzuraten, wenn Sie sich für ein Hochbeet aus Holz entschieden haben, dieses zusätzlich zu ölen oder eine Lasur aufzutragen. Es ist davon abzuraten, dass Sie ein Hochbeet aus Fichte kaufen. Dieses Holz ist nicht sonderlich witterungsbeständig und muss regelmäßig gepflegt werden.

Die Größe des Hochbeetes spielt ebenfalls eine wichtige Rolle, doch welche Größe bzw. Höhe ist perfekt? Hier gibt es eine Faustregel, die besagt, dass bei Erwachsenen das Hochbeet bis zur Hüfte gehen sollte, damit man rückenschonend arbeiten kann. In der Regel liegt bei Erwachsenen die optimale Höhe zwischen 70 und 100 cm. Die Breite Ihres Hochbeetes sollte etwa eine Armlänge betragen. Hier wird von 140 bis 160 cm gesprochen. Möchten Sie jedoch mit Kindern das Hochbeet anlegen und pflegen, so müssen Sie die Größe dementsprechend anpassen, damit die Kleinen ebenfalls unbeschwert arbeiten können.

Steht das Hochbeet einmal, so kommt sicherlich der spannendste Teil zum Zuge, die Füllung. Hier gibt es unterschiedliche Methoden, eine haben wir Ihnen bereits beschrieben, doch es gibt noch weitere Varianten. Sie können den Boden mit ganz feinem Kaninchendraht auslegen, so haben Wühlmäuse keine Chance an Ihre Pflanzen zu gelangen. Sie können auf den Draht dann Bauschutt oder Feldsteine legen oder ein anderes mineralisches Drainagematerial. Diese Schicht ist jedoch nicht zwingend erforderlich und Sie können diese auslassen. Für den guten Wasserabzug legen Sie nun eine Schicht Äste und andere holzige Gartenabfälle in das Hochbeet. Die nächste Schicht sollte aus feinem Pflanzenmaterial bestehen. Hierzu zählen Laub, Rasenschnitt und Staudenabschnitte, eben alles was Sie so in Ihrem Garten aus feinem natürlichen Material finden. Nun folgt eine weitere Schicht. Hier ist empfehlenswert, dass Sie sich für eine Komposterde entscheiden. Diese erhalten Sie im Gartencenter oder dem Baumarkt. Als oberste Schicht ist zu empfehlen, dass Sie sich für eine nährstoffreiche, vorgedüngte Erde entscheiden. Diese erhalten Sie ebenfalls im Baumarkt oder Gartencenter.

Denken Sie ebenfalls beim Bau Ihres Hochbeetes daran, dass sich nicht nur Ihre Pflanzen in einem solchen wohlfühlen, auch Mäuse und

Schnecken kommen gerne zu Besuch und bleiben auch gerne eine Weile, wenn sie die Möglichkeit erhalten. Hier sollten Sie Vorsorge betreiben. Bringen Sie um Ihr Beet herum eine Schneckenschutzkante an, dann verlaufen sich die kleinen Tierchen nicht zu Ihnen. Für Mäuse empfiehlt sich ein zusätzlicher Draht, der diese Tierchen davon abhält Ihr Beet aufzusuchen.

Hochbeete sind nicht nur sehr gefragt, weil sie den Rücken schonen, nein sie verfügen auch über eine eigene Wärmeentwicklung. Hat das Verrotten im Inneren erst einmal begonnen, so wird Energie freigesetzt. Die Energie wärmt Ihr Beet, ähnlich wie eine Heizung. Aus diesem Grund können oftmals zahlreiche Pflanzen wesentlich früher geerntet werden, als dies in einem herkömmlichen Gartenbeet der Fall ist. Es ist jedoch trotzdem anzuraten, dass Sie Vorsorge für Jungpflanzen treffen. Diese sollten gerade im Frühjahr mit einem Gärtnervlies abgedeckt werden. Vorsicht ist besser als Nachsicht. Der Vorteil hierbei ist, dass die Wärme sich staut und sollte es zu Kälte kommen, ist dies für Ihre Jungpflanzen kein Problem mehr, denn diese haben es trotzdem wohlig warm.

Wussten Sie, dass Ihre Pflanzen in Ihrem Hochbeet wesentlich mehr Wasser benötigen, als dies in einem normalen Beet der Fall ist? Die Erklärung ist eigentlich ganz simpel, denn in einem Hochbeet staut sich wesentlich mehr Wärme durch den Kompost und wo viel Wärme ist, da haben Pflanzen auch viel Durst. Sie müssen somit dafür sorgen, dass Ihre Pflanzen immer ausreichend Wasser bekommen. Denken Sie jedoch daran zu viel des Guten ist auch nicht empfehlenswert. In einem solchen Fall kann sich Staunässe bilden und letztendlich kann es zu einer Schimmelbildung kommen. Kontrollieren Sie regelmäßig, ob Ihre Pflanzen noch feucht sind und wässern Sie diese bei Bedarf.

Immer wieder stellen sich Hobbygärtner die Frage, ob ein Hochbeet besser als ein Frühbeet ist. Es ist jedoch sehr einfach aus einem Hochbeet ein Frühbeet zu zaubern. Sie benötigen hierfür jedoch ein bisschen handwerkliches Geschick. Sie können auf Ihr Hochbeet ganz einfach einen speziellen Aufsatz aufsetzen, den Sie im Gartencenter oder Baumarkt kaufen können. Ein Folientunnel ist ebenfalls problemlos möglich. Verfügen Sie jedoch über handwerkliches Geschick, so bauen Sie sich selbst mit Hammer und Nägeln einen Aufsatz. Hierfür benötigen Sie Plexiglas oder als günstigere Variante eine Folie. So können Sie Ihre Pflanzen ausreichend schützen und ihnen noch mehr Wärme zuführen. Es ist jedoch wichtig, dass sich nicht zu viel Feuchtigkeit unter dem Dach ansammelt, sollte dies der Fall sein, so müssen Sie handeln. Auf diese einfache Art und Weise haben Sie ein Hochbeet mit einem Frühbeet kombiniert.

Ein klassisches Hochbeet verfügt über sehr viele unterschiedliche Nährstoffe. Daher bietet sich ein Hochbeet perfekt für Erdbeeren, Tomaten, Salat, Lauch, Kräuter, aber auch zahlreiche andere Gemüsesorten an. Im Prinzip können Sie Ihren Wünschen freien Lauf lassen. Erstellen Sie einen Pflanzplan, denn mit diesem erhalten Sie die passende Fruchtfolge in Ihrem Hochbeet und alle Pflanzen können perfekt wachsen und gedeihen.

In den Wintermonaten, somit von etwa November bis Anfang Februar sollten Sie keine Pflanzen in Ihrem Hochbeet belassen. Ihr Beet würde rasend schnell abkühlen, wegen der vorhandenen Temperaturen und Ihre Pflanzen würden sich nicht richtig entwickeln können. Möchten Sie jedoch auch im Winter nicht auf Ihr Hochbeet verzichten, dann sollten Sie auf Gemüsesorten, wie Grünkohl zurückgreifen. Hierbei handelt es sich um Wintergemüse und kalte Temperaturen machen diesem nichts aus. Ist Ihr Beet jedoch leer und soll erst wieder im Frühling aufgeweckt werden, dann decken Sie diese vorsorglich mit einer Folie ab. So verhindern Sie, dass wichtige Nährstoffe austreten und beispielsweise von dem Regen weg gewaschen werden.

Ein Hochbeet – Praktisch, ansehnlich und vorteilhaft

Ein Hochbeet ist nicht nur besonders praktisch, sondern ein echter Blickfang in einem jeden Garten und bringt zahlreiche Vorteile mit sich. Gärtnern ist nicht nur etwas für ältere Menschen, sondern zahlreiche junge Leute folgen dem Trend eines Hochbeetes. Kein Wunder, denn wer in einer Stadt lebt, der möchte etwas mehr Grün um sich haben. Ein Hochbeet bietet hier die beste Möglichkeit. Man kann problemlos seinen Balkon in einen ansehnlichen Garten verwandeln, hat immer frisches Gemüse, schöne Pflanzen und auch Kräuter zur Hand.

Gemüse ist dafür bekannt, dass es wesentlich schneller in einem Hochbeet heranwächst, als im eigenen Garten. Die geschaffenen Gegebenheiten sind einfach vorteilhafter. Wenn andere Gärtner noch auf ihre Tomaten, den Salat oder leckere Kräuter warten, sind Sie diese bereits am ernten. Erdbeeren gehören ebenfalls unbedingt in ein jedes Hochbeet, denn diese wachsen schnell, haben eine herrlich rote Farbe und schmecken unheimlich lecker. Da fällt es einem ganz schön schwer nicht zwischendurch einmal zu naschen.

Hochbeete haben noch eine Funktion, die noch gar nicht angesprochen wurde, denn sie können sehr gut als Trennwand in einem Garten dienen. Möchten Sie Ihr Grundstück von dem Ihres Nachbarn abtrennen, so eignen sich Hochbeete hervorragend. Diese dienen nicht nur als Trennwand, sondern sehen zudem auch noch sehr gut aus. Einfach mal etwas Neues, etwas Anderes als Bäume pflanzen.

Möchten Sie ein Hochbeet alleine für Kräuter anlegen, so gibt es auch hier ein paar Tipps, die Ihnen beim Anlegen behilflich sein können. Kräuter gehören zu den Schwachzehrern und lieben einen sonnigen Garten. Der Bereich, indem Sie Kräuter pflanzen möchten benötigt nicht zwangsläufig Kompost. Sie können den Bereich, indem sich die

Kräuter befinden auch hervorragend mit Steinen auslegen. Diese speichern die Wärme der Sonneneinstrahlung und geben diese am Abend an Ihre Kräuter weiter. Eine einfache und kostengünstige Möglichkeit ein Hochbeet für Kräuter anzulegen.

Notizen:

Wir sagen Danke

Vielen Dank, dass Sie diesen Ratgeber gelesen haben. Wir hoffen sehr, dass dieser beim Anlegen des Hochbeetes helfen wird und Sie wertvolle Tipps mitnehmen konnten. Wir wünschen Ihnen viel Freude beim Anlegen des Hochbeets und viel Erfolg.

Ihre Martina Bauel

Rechtliches

Jahr der Veröffentlichung: 2021

1.Auflage

Impressum

Die Autorin Martina Bauel ist vertreten durch:

Daniel Thiele

Kirchweg 22

55234 Freimersheim

Covergestaltung: fiverr.com/germancreative

Coverfoto: despositphotos.com

E-Mail: support@th-publishing.de

Printed in Poland
by Amazon Fulfillment
Poland Sp. z o.o., Wrocław